通用航空飞机
故障实例汇编

麦海波　史　珂○编著

西南交通大学出版社
·成　都·

图书在版编目（ＣＩＰ）数据

通用航空飞机故障实例汇编 / 麦海波，史珂编著.
一成都：西南交通大学出版社，2016.11（2025.2 重印）
ISBN 978-7-5643-5117-5

Ⅰ．①通… Ⅱ．①麦… ②史… Ⅲ．①飞机 – 故障诊
断 – 案例 – 汇编 Ⅳ．①V267

中国版本图书馆 CIP 数据核字（2016）第 274713 号

通用航空飞机故障实例汇编
麦海波　史　珂　著

责 任 编 辑	孟苏成
封 面 设 计	何东琳设计工作室

出 版 发 行	西南交通大学出版社 （四川省成都市二环路北一段 111 号 西南交通大学创新大厦 21 楼）
发 行 部 电 话	028-87600564　028-87600533
邮 政 编 码	610031
网　　　　址	http://www.xnjdcbs.com
印　　　　刷	四川森林印务有限责任公司
成 品 尺 寸	170 mm × 230 mm
印　　　　张	7
字　　　　数	114 千
版　　　　次	2016 年 11 月第 1 版
印　　　　次	2025 年 2 月第 2 次
书　　　　号	ISBN 978-7-5643-5117-5
定　　　　价	46.00 元

课件咨询电话：028-87600533

前　言

通用航空作为国家新兴战略产业，在国民经济、航空产业、个人消费等方面已凸显其重要地位。通用航空可广泛用于工农业生产、人工增雨、抗震救灾、出行旅游、医疗救援等方面，通用航空的发展可以带来巨大的经济和社会效益，同时，也不断扩大了对通用航空维修资源的需求。

随着国内通用航空业的快速发展，行业运行的飞机数量和作业时间快速增长，在此背景下，不断有新的机务维修人员进入该行业，而这些新机务维修人员的维修技能和熟练度比较欠缺，特别在体现维修技术水平的排故能力上，尤显薄弱，亟待提高。

本书根据作者对通用航空常用机型的维护经验，收集、整理了一些机型发生过的典型故障，分析了这些故障的原因，提出了预防故障的措施，汇编成册，希望有助于促进通用航空机务维修人员更为深入地学习、了解通用航空飞机维护知识，提高排故技能和业务水平。本书既可以作为通用航空机务人员业务学习用书，也可以作为 CCAR-147 维修培训机构的辅助学习资料。

本书由麦海波、史珂编著，邹葆华、张世坤、秦逸、杨秀锋、李飞等参与了本书部分案例的编写工作。本书在编写过程中得到了中国民航飞行学院机务处领导和同事、各分院和飞机修理厂机务同仁的大力支持和热情帮助，在此深表谢意。

由于时间仓促且编者水平有限，书中难免存在疏漏之处，敬请读者批评指正。

作　者

2016 年 10 月

目　录

1 Cessna 172R 飞机故障实例

Cessna（塞斯纳）172R 型飞机为全金属半硬壳式机身结构、4 座、上单翼飞机，使用 1 台由美国德事隆莱康明（Textron Lycoming）公司生产的活塞式发动机，型号：IO-360-L2A，使用的螺旋桨是由美国 McCauly 公司设计生产的二叶定距金属螺旋桨，机身上安装有前三点式固定起落架。塞斯纳 172/182 系列是目前世界产量最大、用于飞机驾驶员训练性能较好的飞机之一，如图 1.0.1 所示。

图 1.0.1　Cessna 172R 飞机

主要技术指标

乘员：4 人；

空重：1 620 lb（736 kg）；

最大起飞重量：2 450 lb（1 113 kg）；

发动机：Lycoming IO-360-L2A 横式 -4 缸发动机，每个 160 hp（120 kW）（转速 2 400 r/min 时）；

最大空速限制：163 knots（187 mph，302 km/h）；

最高速度：123 knots（141 mph，228 km/h）于海平面；

航程：687 NM（790 mile，1 272 km）at 60% power at 10 000 ft（3 040 m）；

实用升限：13 500 ft（4 116 m）；

爬升率：720 ft/min（3.7 m/s）；

燃油箱：212 L；

外形尺寸：长，8 204 mm；高，2 718 mm；翼展，11 000 mm。

1.1　Cessna 172R 飞机空中无线电失效

故障件	ATA 代码	系统子类	故障模式
音频板	2350	音频综合系统	失效

故障描述

某架 172R 飞机在机场 900 m 高度通场准备加入起落航线时，无线电通信突然中断，机组全面检查设备并重启无效后，确认无线电通信失效，遂立即按照无线电失效处置程序，操纵飞机安全着陆。

故障原因

（1）地面通电检查：通电检查发现，1、2 号通信系统频率设置均为机场通信频率，PFD、MFD 通信窗有信号收发显示，但无法从耳机、座舱喇叭听到通信语音；NAV 台识别音、ADF 广播语音、警告语音等也无法听到。

考虑音频系统所有语音信号均需通过音频板组件输出，故将音频板作为重点检查对象。

（2）音频板构型页面检查：进入音频板构型页面，检查各参数设置，均正常。重装音频板系统/构型软件后检查，故障现象依然存在。

（3）音频板线路外观检查：拆下 MFD，目视检查音频板组件后部线路状况，无明显烧蚀、磨损痕迹，外部状况良好，目视检查音频板后两个线路插头，销钉、导线状况良好。

（4）故障飞机音频板装到其他同型号飞机通电检查：同样故障现象再次出现。

（5）更换音频板通电检查：从库房领出新的音频板，装到飞机通电检查，音频系统工作状况正常，故障现象不再出现。

预防措施

此故障为偶发故障，与飞机使用、维护无直接关系，不能采取预防性维修。

1.2　Cessna 172R 飞机电瓶电量放光

故障件	ATA 代码	系统子类	故障模式
电瓶	2432	电瓶系统	人为因素

故障描述

在一些 Cessna 172R 飞机飞行前检查时发现，电瓶电量已放光，进一步检查发现，这些飞机的总电门处于打开状态。Cessna 172R 飞机总电门图如图 1.2.1 所示。

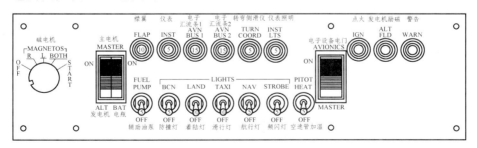

图 1.2.1　Cessna 172R 飞机总电门图

故障原因

由于发生电瓶电量放光的飞机，均存在飞机总电门未关的问题，所以，可以确定，造成电瓶电量放光的直接原因可能有两种：

（1）飞行机组在执行停机检查程序时，未关闭飞机总电门，而机务人员在执行技术状态检查时漏项，未发现总电门在接通位置。

（2）机务人员在完成技术状态检查工作后，忘记关闭总电门。

预防措施

通过培训、警示等方式，加强机组、机务人员按单卡、程序工作的自觉性和规范性。

1.3　Cessna 172R 飞机 ELT 天线折断

故障件	ATA 代码	系统子类	故障模式
ELT 天线	2562	紧急定位电台	断裂

故障描述

冬季运行中，多架 Cessna 172R 飞机发生 ELT 天线折断问题。图 1.3.1 所示为 Cessna 172R 飞机鞭状 ELT 天线，图 1.3.2 所示为 Cessna 172R 飞机硬质杆型 ELT 天线。

图 1.3.1　Cessna 172R 飞机鞭状 ELT 天线

图 1.3.2　Cessna 172R 飞机硬质杆型 ELT 天线

故障原因

Cessna 172R 飞机装有两种型号的 ELT 天线，第一种是 Pointer3000-11 型 ELT，天线为鞭状天线；第二种是 ME406 型 ELT，天线为硬质杆型。发生折断的都是鞭状天线。

经过调查分析，鞭状天线有弹性，飞行中在气流作用下会产生摆动，而在擦洗飞机和地面检查天线时也有可能扳动天线，长期如此就可能造成天线芯金属疲劳断裂。

另外，鞭状天线折断集中发生在冬季，其余季节未发生断裂，因此可确认该天线本身较细，冬季在潮湿且临界结冰环境中飞行，该部位可能因结冰而变脆，在气流和振动作用下出现断裂。

预防措施

（1）可以采取在易折断部位套上热塑管，内封 704 胶，增加易折断部位天线强度，转移 ELT 天线在飞行中的受力点，延长鞭状天线的使用寿命。

（2）冬季加强 ELT 天线的航线检查，并提醒飞行机组避免在接近结冰的环境中飞行。

1.4　Cessna 172R 飞机襟翼电门故障

故障件	ATA 代码	系统子类	故障模式
襟翼电门	2750	襟翼操纵系统	电子件失效

故障描述

　　一段时间内，Cessna 172R 飞机时常发生襟翼卡阻的问题，排故中发现，造成襟翼卡阻的原因主要是襟翼电门污染造成电门失效以及电门位置不对。Cessna 172R 飞机前部、后部襟翼操纵机构如图 1.4.1，图 1.4.2 所示。

故障原因

　　襟翼控制系统的工作原理：

　　Cessna 172R 飞机的襟翼控制系统主要由襟翼操纵手柄、襟翼位置指示指针、襟翼电门托架、襟翼微动电门、凸轮、襟翼电机、蜗杆、襟翼极限电门、随动钢索等部件组成。

　　襟翼电机电源受凸轮与微动电门托架上的微动电门之间的相对位置控制，当襟翼手柄扳动到期望的襟翼位置时，与襟翼手柄同步运动的凸轮将其中一个微动电门压下，电路接通，襟翼电机作动，通过蜗杆等传动部件作动襟翼，襟翼运动的同时，襟翼位置反馈钢索拖动微动电门托架运动，安装在托架上的收上微动电门、放下微动电门及襟翼位置指针一起随动，当襟翼位置指针随动到操纵手柄所选择的 10°或 20°位时，刚好使静止的凸轮处于收上微动电门与放下微动电门之间，两个微动电门同时释放，电机断电，停止工作。

　　在襟翼完全收上时（0°位），襟翼收上微动电门和襟翼收上极限微动电门分别被压下，电机收上电路因收上极限电门压下而断开，电机停止工作。当襟翼完全放下时（30°位），襟翼放下微动电门和襟翼放下极限微动电门分别被压下，电机放下电路因放下极限电门被压下而断开，电机停止工作。

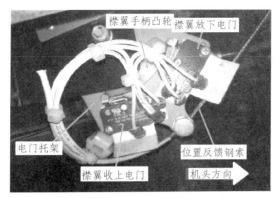

图 1.4.1　Cessna 172R 飞机前部襟翼操纵机构

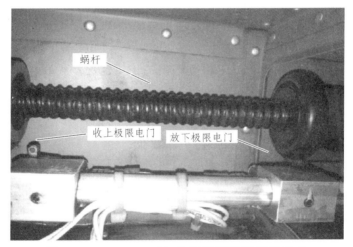

图 1.4.2　Cessna 172R 飞机后部襟翼操纵机构

　　对于襟翼收上/放下微动电门，常发生的问题是电门位置错位，需要调整。对于极限电门，经过调查，故障电门的外部、接线柱都覆盖着襟翼蜗杆润滑脂。造成电门覆盖润滑脂的可能有两种原因：一是每 100 h 定检润滑襟翼蜗杆机构时涂抹了过多的润滑脂。随着襟翼电机的工作，蜗杆机构上过多的润滑脂会聚集在蜗杆的两端，如聚集了过量的润滑脂便会脱落，黏附在电门上。但是从故障的电门来看，润滑脂零星分布，因此不应是润滑脂过多。二是每次润滑蜗杆机构之前，需要对蜗杆进行清洁。如清洁方式不当，比如使用毛刷直接用汽油清洁，就会导致润滑脂零星脱落，最终掉落在电门上。目前部分 172R 飞机襟翼电机、蜗杆、电门附近均有大量油污，和襟翼系统故障结合起来看，应是清洁蜗杆机构时采用了错误的方法。

清洁蜗杆机构方法：应使用干净的抹布（不能使用毛巾）直接擦拭蜗杆。然后用洗涤汽油将抹布清洗干净并完全拧干，再反复擦拭蜗杆，直到清除掉蜗杆上的旧润滑脂为止。

预防措施

（1）定检维修工作中注意检查襟翼凸轮、蜗杆和襟翼微动电门之间的相对位置，确保襟翼微动电门接触良好。

（2）在清洁润滑襟翼蜗杆时，使用正确的方法。对蜗杆进行润滑时，涂抹润滑油脂应适量，或视情涂抹，定期对微动电门进行清洁检查。

（3）在接近这些位置时，检查电门的连接情况，发现问题，调整电门位置、清洁电门或更换失效的电门。

1.5 Cessna 172R 飞机操纵钢索磨损

故障件	ATA 代码	系统子类	故障模式
钢索	2700	飞行操纵系统	磨损

故障描述

从开始接收 Cessna 172R 飞机开始，就陆续发生升降舵配平钢索与钢索接头连接螺栓相磨、襟翼钢索与机身过壁孔相磨（见图 1.5.1）、襟翼滑轨处钢索磨损（见图 1.5.2）、方向舵钢索断股（见图 1.5.3）、方向舵钢索与滑轮相磨（见图 1.5.4）、副翼钢索与钢索防磨块相磨（见图 1.5.5）、副翼钢索与舵机支架相磨（见图 1.5.6）的问题，而且这些问题普遍在机队中存在，钢索使用时间短，磨损严重。

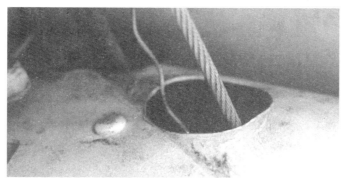

图 1.5.1　Cessna 172R 飞机襟翼钢索与过壁孔磨损

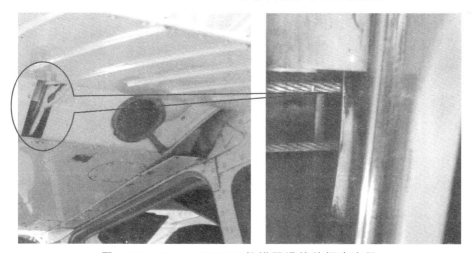

图 1.5.2　Cessna 172R 飞机襟翼滑轨处钢索磨损

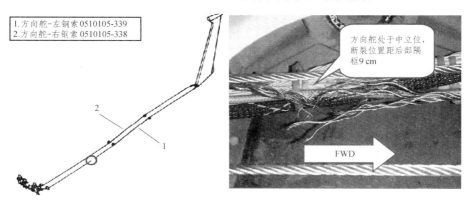

图 1.5.3　Cessna 172R 飞机方向舵钢索断裂

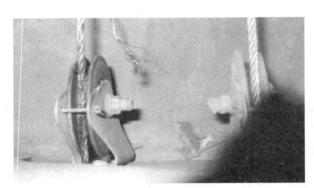

图 1.5.4　Cessna 172R 飞机方向舵钢索与滑轮磨损

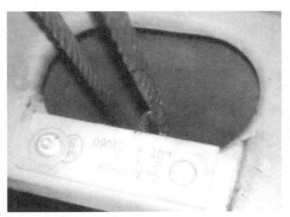

图 1.5.5　Cessna 172R 飞机副翼钢索与 WS71.125 处防磨块相磨

图 1.5.6　Cessna 172R 飞机副翼钢索与舵机支架相磨

故障原因

不同位置的钢索磨损原因是不同的：

（1）对于升降舵配平钢索与钢索接头连接螺栓相磨的问题，主要原因是钢索接头连接螺栓方向安装错误，导致钢索与螺栓间隙过小，产生磨损。

（2）对于钢索与过壁孔、防磨块、舵机支架的磨损问题，主要原因是钢索与其周围结构间隙较小、钢索自身存在振动，导致钢索与周围结构之间产生跳动碰磨。

（3）对于钢索与滑轮相磨的问题，经过对磨损钢索的失效分析，确认是由于钢索长期与滑轮磨损所致，深层次原因主要有：① 滑轮安装座变形导致钢索未在滑轮槽中间位置且不贴合，继而钢索与滑轮边磨，在操纵和飞行过程中出现与滑轮槽壁的碰磨现象。② 钢索张力不正确：使用过程中未及时检查、调整脚蹬枢轴到防火墙的距离（6.5 in）来保证钢索的张力，从而出现钢索张力减小，使用过程中钢索径向颤摆量增大，与滑轮出现碰磨现象。③ 方向舵钢索磨损位置不容易接近，需工作者整个人从行李舱钻到飞机尾部，工作者处于身体很难受的情况下对该部位做检查，检查标准落实不到位。

预防措施

（1）加强检查，对于装错、装反的部件及时进行调整纠正。

（2）在可能的情况下，适当增加钢索与周围部件、结构的间隙，比如拆下自驾舵机支架，缩小防磨块尺寸等。

（3）在过壁孔上安装软质的防磨护套。

（4）在换季工作中加强检查，发现异常及时处理，包括调整滑轮固定、调整钢索张力、更换磨损的部件。

1.6　Cessna 172R 飞机升降舵钢索尾部接头断裂

故障件	ATA 代码	系统子类	故障模式
升降舵钢索	2730	升降舵操纵系统	断裂

故障描述

某 Cessna 172R 飞机在本场执行起落航线飞行任务时，第一次起落飞行正常落地后，第二次起落过程中，到五边后半段，机组按正常操纵将飞机拉平，随着离地越来越近，飞机姿态并未拉平，于是右座机组帮忙带杆，带杆后发现飞机升降舵操纵失效，向后打配平后飞机接地，落地后滑回，后经检查发现升降舵钢索在飞机尾部的 U 形接头处断裂。

图 1.6.1　Cessna 172R 飞机升降舵钢索断裂

图 1.6.2　Cessna 172R 飞机升降舵钢索 U 形接头处外观

图 1.6.3 Cessna 172R 飞机升降舵钢索 U 形接头固定螺帽锈蚀

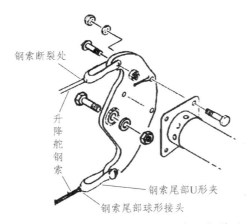

图 1.6.4 Cessna 172R 飞机升降舵操纵钢索尾部接头结构示意图

故障原因

升降舵操纵钢索通过球形接头与 U 形夹连接，U 形夹通过螺栓与双臂摇臂连接。正常情况下，钢索运动方向与 U 形夹轴线重合。由于飞机露天停放，U 形夹与双臂摇臂连接螺栓处锈蚀，U 形夹不能自由活动，钢索的运动方向与 U 形夹轴线存在一定的夹角，导致球形接头处钢索应力集中，在使用中疲劳断裂。

升降舵钢索 U 形接头与双臂摇臂连接螺栓处锈蚀，是此次事件的根本原因。

预防措施

（1）在安装升降舵钢索后部的 U 形接头时，螺帽力矩应适当，安装完成后，应检查 U 形接头可以灵活转动。

（2）定期对 U 形接头固定螺栓进行润滑，防止锈蚀。

（3）在日常检查中，关注 U 形接头固定螺栓的锈蚀情况，并检查 U 形接头是否能灵活转动。

1.7　Cessna 172R 飞机方向舵钟形臂连接螺栓磨损

故障件	ATA 代码	系统子类	故障模式
方向舵钟形臂连接螺栓	2720	方向舵操纵系统	磨损

故障描述

某单位维修人员在对 Cessna 172R 飞机进行换季检查并更换方向舵右侧操纵钢索时，发现钢索后端钟形臂连接点固定螺栓（P/N：AN23-11）（更换钢索时一般不需要拆）出现较严重的磨损，经测量磨损最严重区域直径为：4.40 mm（新螺杆直径为 4.72 mm），钢索前端连接点固定螺栓（P/N：AN23-10）有轻微磨损。

该故障的直接影响是造成螺栓连接位置间隙过大，操纵响应及时性降低。潜在危害为造成航空器方向舵失效。

图 1.7.1　Cessna 172R 飞机方向舵钟形臂连接螺栓装机位置图

图 1.7.2　Cessna 172R 飞机方向舵钟形臂连接螺栓磨损图

故障原因

该磨损为长期使用后的正常磨损。

预防措施

（1）对方向舵钟形臂连接螺栓处进行润滑，减缓磨损。
（2）检查中发现有磨损，及时更换该螺栓。

1.8　Cessna 172R 飞机升降舵调整片操纵拉杆断裂

故障件	ATA 代码	系统子类	故障模式
升降舵调整片拉杆	2731	升降舵调整片操纵系统	断裂

故障描述

某日，在对 Cessna 172R 飞机进行飞行前检查过程中，发现升降舵调整片机构操纵不灵活，并伴有卡阻现象，随后发现升降舵调整片操纵拉杆（P/N：2432003-1）在连接升降舵调整片作动筒蜗杆的位置断裂，并且作动筒蜗杆卡阻，如图 1.8.1 所示。Cessna 172R 飞机升降舵调整片作动筒分解如图 1.8.2 所示。

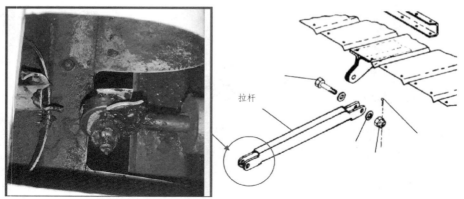

图 1.8.1　Cessna 172R 飞机升降舵调整片操纵拉杆断裂位

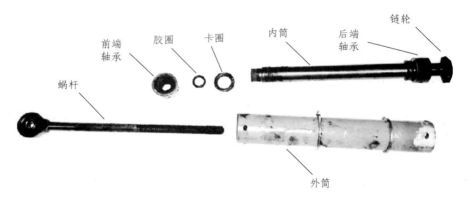

图 1.8.2　Cessna 172R 飞机升降舵调整片作动筒蜗杆机构分解图

故障原因

Cessna 172R 飞机升降舵调整片调节机构工作原理：作动筒蜗杆是通过螺纹配合装在作动筒内筒内，当操纵配平手轮时，通过钢索带动链条、链轮和内筒转动，使蜗杆进入或退出内筒，形成直线运动，推动升降舵调整片拉杆，从而实现升降舵调整片角度调节。

拉杆断裂原因：由于蜗杆锈蚀和螺纹处润滑脂碳化，导致作动筒卡阻，在操纵手轮的过程中，链轮和内筒转动时，蜗杆不再进入或退出内筒，而是随内筒一起转动，这样拉杆在此过程中会受到蜗杆转动产生的扭转力，最终导致升降舵调整片拉杆被扭断。

蜗杆及作动筒内筒锈蚀的原因：因为作动筒没有专门的润滑接头，仅依靠给蜗杆表面涂抹润滑脂后带入的一点润滑脂润滑，必然不能保证内筒每个部位都获得良好的润滑；另外，由于雨水、潮气的渗入，就会导致内筒锈蚀。

预防措施

制作维护提示，每次润滑蜗杆机构时，工作做到位。日常维护中，注重对升降舵配平调整片机构的清洁、润滑工作。

1.9 Cessna 172R 飞机防扭臂连接螺栓锈蚀

故障件	ATA 代码	系统子类	故障模式
防扭臂连接螺栓	3222	前起落架支柱	腐蚀

故障描述

某架 Cessna 172R 飞机在定检中，发现前起落架减振支柱渗油，在排除减震支柱渗油故障时，分解防扭臂发现与轮叉相连的下部连接螺栓锈蚀（见图 1.9.1）。

防扭臂下部与轮叉相连的螺栓锈蚀后将影响防扭臂正常运动，从而影响上、下减振支柱的相对运动，可能使减振支柱内密封圈加速损伤。

图 1.9.1 Cessna 172R 飞机前起落架防扭臂锈蚀螺栓位置图

故障原因

（1）如果飞机露天停放，该部位涂抹的润滑脂容易干枯，受到污染，则该螺栓容易锈蚀。

（2）如果日常维护中未及时对该部位进行润滑或润滑不到位，也容易导致该螺栓锈蚀。

（3）如果该部位的注油嘴内的润滑脂干枯，将导致再次注油时无法成功注油，从而使螺栓得不到有效的润滑保护，造成锈蚀。

预防措施

（1）制作标准注油操作程序，对维护人员进行培训。

（2）根据停放、使用环境，制订一个合适的润滑周期，定期对易腐蚀部位润滑。

（3）如发现用注油枪注油时，老旧的润滑脂无法被挤出或无法注入新油脂，需要检查防扭臂注油嘴内部的油脂是否干枯，视情将防扭臂注油嘴拆下，清洁内部通道。

（4）如果硬质的注油枪连接管不便于使用，可以将油枪与注油嘴之间连接的管路更改为柔性管路。

1.10　Cessna 172R 飞机前支柱内筒前端局部点蚀

故障件	ATA 代码	系统子类	故障模式
前起落架减振支柱内筒	3222	前起落架支柱	腐蚀

故障描述

在检查某些 Cessna 172R 飞机时，发现前起落架减振支柱内筒前端镜面有局部点蚀（见图 1.10.1）。

图 1.10.1 Cessna 172R 飞机前起落架减振支柱内筒镜面点蚀

故障原因

（1）如果飞机长期露天停放，减振支柱内筒镜面容易受到侵蚀。

（2）在飞机着陆滑跑过程中，减振支柱内筒镜面前端长期受到沙粒等异物碰撞。

（3）一些减振支柱内筒表面的镀层质量不高。

预防措施

经与制造厂家和修理厂家协商、评估，该部位的点蚀无法修理，只有采用更换新件的方式解决。

在飞机的日常勤务中，及时清洁减振支柱内筒镜面，可以延长该件的使用时间。

1.11 Cessna 172R 飞机前减振支柱渗油

故障件	ATA 代码	系统子类	故障模式
前支柱密封圈 前支柱支撑环 前支柱内筒	3222	前起落架支柱	渗漏

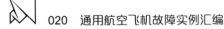

故障描述

在 Cessna 172R 飞机飞行后检查中，或飞机停放一段时间之后，经常会发现前起落架减振支柱渗油，在大部分情况下，更换了密封撑环上的密封圈就可以排除前支柱渗油的故障，但有时由于密封撑环或支柱内筒镜面损伤，即使更换了密封圈，很快就又会出现渗漏，这时就需要更换密封撑环或者减振支柱内筒。图 1.11.1 所示为 Cessna 172R 飞机前起落架减振支柱内筒结构图。

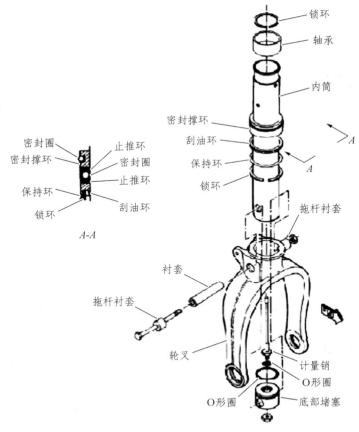

图 1.11.1　Cessna 172R 飞机前起落架减振支柱内筒结构图

故障原因

（1）长时间使用以后，或者长期停放之后，减振支柱内的密封圈老化、变形，密封性能下降，导致渗油。

（2）由于异物研磨或撞击会导致密封撑环、内筒支柱镜面受损，这些部件的损伤会加速密封圈的损伤，这些因素结合在一起，就会导致渗油。

预防措施

（1）尽量将飞机入库停放。

（2）每次航后，用干净的抹布清洁前起落架支柱镜面，保持镜面清洁，减少镜面划伤的概率。

（3）发现有渗油，立即更换减振支柱密封圈，如果更换密封圈后，渗漏仍然存在，这时就只有更换减振支柱内筒和支撑环了。

1.12 Cessna 172R 飞机左刹车作动筒活塞杆断裂

故障件	ATA 代码	系统子类	故障模式
刹车作动筒活塞杆	3240	起落架刹车系统	断裂

故障描述

某架 C172R 飞机在执行空域大坡度盘旋训练科目时，机组压盘蹬舵试图使飞机进入大坡度时，感觉左舵操纵异常，果断中止了科目。机组在空中对方向舵操纵性能进行试探性检查和确认后报告左舵反应有些迟缓。后经机务人员检查，左刹车主作动筒活塞杆与叉形接头连接的螺纹根部断裂（见图 1.12.1）。另外，检查发现在其他的 C172R 飞机上，存在刹车作动筒活塞杆弯曲的现象。

图 1.12.1　Cessna 172R 飞机刹车作动筒活塞杆断裂图片

故障原因

　　该断裂刹车作动筒活塞杆的失效分析表明，断裂性质是疲劳断裂，这与活塞杆在长期的作动过程中承受的双向弯曲应力有关。

　　根据应力作用，在活塞杆螺纹根部退刀槽位置内部有应力突变，存在应力集中（指受力构件由于外界因素或自身因素，几何形状、外形尺寸发生突变而引起局部范围内应力显著增大的现象）的情况，且由于作动过程中转矩 M 的作用，随着使用时间的增加可能会导致活塞杆在此处出现疲劳损伤，并迅速扩展至破损。

预防措施

　　（1）定检中重点检查刹车作动筒活塞杆螺纹根部是否有初始裂纹。
　　（2）踩脚蹬的动作不宜过猛，尽量柔和。

1.13　Cessna 172R 飞机机轮外胎裂纹

故障件	ATA 代码	系统子类	故障模式
轮胎外胎	3244	轮胎	裂纹

故障描述

　　某维修单位在领用全新 Cessna 172R 飞机主轮外胎时发现主轮外胎胎面胶接处有疑似裂纹，经检查，库存的同批次主轮外胎也发现有多个主轮外胎胎面胶接处有不同程度的裂纹，裂纹深度约 1.5 mm，如图 1.13.1 所示。

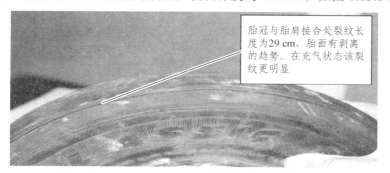

胎冠与胎肩接合处裂纹长度为29 cm，胎面有剥离的趋势。在充气状态该裂纹更明显

图 1.13.1　Cessna 172R 飞机主轮轮胎裂纹图片

　　另外，某维修单位在更换某架 Cessna 172R 飞机前轮时发现换下的前轮外胎胎肩与胎冠接合处有一条长裂纹，如图 1.13.2 所示。

此处开裂长度为8 cm，深度为1.6 mm。在开封检查的主轮外胎中有16个主轮外胎的胎冠中央位置存在不同程度的开裂

图 1.13.2　Cessna 172R 飞机前轮轮胎裂纹图片

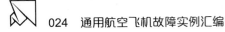

故障原因

经过调查分析，轮胎的原制造厂家确认这些裂纹属于制造缺陷，是由于轮胎硫化模具局部碰伤或毛刺未被及时发现并修复，导致硫化出的轮胎在合模处有深度不等的外观缺陷。

预防措施

（1）在机轮维修工作中严格按照标准加强对轮胎的检查，在更换机轮时加强对新外胎或内胎的检查，加强对换下的轮胎的检查，避免缺陷轮胎造成运行安全事件。

（2）如果发现新外胎有缺陷，可以参照国标（GB/T 13652—2004）《航空轮胎表面质量》给出的合格品标准，判断这些缺陷是否可以接受。

1.14　Cessna 172R 飞机前轮转弯拉杆卡阻

故障件	ATA 代码	系统子类	故障模式
转弯拉杆	3251	转弯组件	卡阻

故障描述

某架 Cessna 172R 飞机在一次转场飞行前，飞机从滑行道进入跑道后，对正跑道等待起飞，得到起飞指令后，机组操纵油门至起飞功率，随即飞机有向左运动趋势，机组抵右舵修正，发现向左运动趋势没有减少，机组随即加大右舵使用量至全行程，飞机继续左偏，立即收油门到慢车位后执行关车程序，飞机带余速在惯性的作用下滑离跑道。人员安全，飞机无任何损伤。地面检查发现该机前轮右转弯操纵有迟缓现象。

另一架 Cessna 172R 飞机在着陆接地后向左偏出跑道，调查时机组反映在飞机着陆后，飞机有左偏趋势，机组在进行方向纠正时，前轮转弯系统没有明显响应，飞机偏出跑道，人机安全。

故障原因

172R 飞机前轮转弯拉杆为"半刚性"连接件，其构造原理如图 1.14.1（a）所示，拉杆可以在外筒内移动，安装时要求拉杆在图 1.14.1（a）中所示位置（同时不能压缩弹簧）。飞机在地面滑行正常转弯时，一侧的拉杆在脚蹬机构的作用下产生拉力，由于弹簧预紧力大于机轮转弯摩擦力，该拉杆运动如同刚体运动（此时弹簧不产生变形），另一侧的拉杆随动，此时前轮转弯力矩由脚蹬带动拉杆产生，转弯角度为 ±10°；使用牵引杆或刹车转弯时，前轮转弯力矩由外力或不平衡的主轮阻力矩产生，转弯角度可增大为 ±30°。以左转为例：左拉杆缩入外筒，右拉杆伸出，并压缩弹簧。转弯结束后在弹簧回复力作用下，转弯拉杆和弹簧回到初始位置。若压缩后的弹簧出现卡阻而不能复位，如图 1.14.1（b）所示，由于该拉杆与弹簧座垫片之间存在间隙，那么再次蹬脚蹬进行该侧转弯操纵时，拉杆将先消除间隙才能产生转弯拉力，从而出现地面转弯操纵迟滞现象。

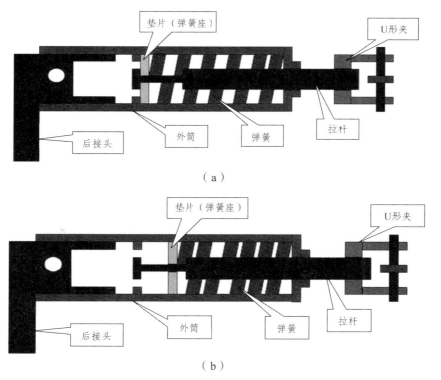

图 1.14.1　Cessna 172R 飞机前轮转弯拉杆结构示意图

前轮转弯拉杆经过长时间使用，一方面，弹簧座垫片与外筒内壁之间相对运动，相互摩擦而产生金属末，这些金属末混合着油泥附在外筒内壁上，对弹簧形成卡滞作用；另一方面，弹簧在使用过程中会发生锈蚀，也会对弹簧形成卡滞作用，最终使转弯拉杆弹簧卡阻，造成前轮转弯操纵迟缓或无效。

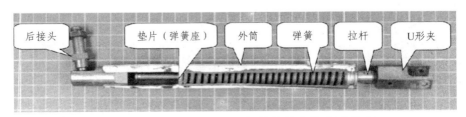

后接头　垫片（弹簧座）　外筒　弹簧　拉杆　U形夹

图 1.14.2　Cessna 172R 飞机前轮转弯拉杆实物图

预防措施

由于维修手册中没有定期检查、更换前轮转弯拉杆的要求，即该部件是免维护件，但实际使用中，该件在使用一定时间之后容易产生卡阻，所以可以将该件定为定期更换件，根据经验评估，更换周期大约在 6 000 飞行小时。

1.15　Cessna 172R 飞机前机轮失压

故障件	ATA 代码	系统子类	故障模式
前轮内胎	3245	轮胎内胎	裂口

故障描述

某架 Cessna 172R 飞机在落地过程中，飞机前轮接地后，即出现抖动，机头偏低，机组立即控制住方向，保持飞机沿中线滑跑，并立即报告塔台，在塔台指挥下关车后发现前机轮已完全失压。分解检查该机轮，发现机轮内胎侧壁有一长度约 10 mm 的破口（见图 1.15.1），机轮内发现一黑色塑料小片，尺寸约 9 mm×7 mm（见图 1.15.2）。

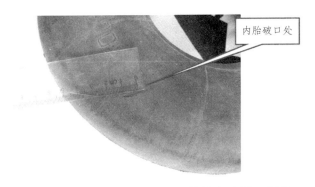

图 1.15.1　Cessna 172R 飞机前轮内胎裂口图片

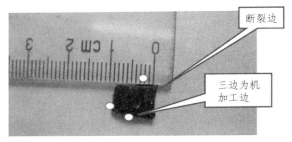

图 1.15.2　Cessna 172R 飞机机轮内发现了黑色塑料片图片

故障原因

经过事件调查，未发现该黑色塑料小片来源，但可以确认内胎裂口是由于机轮内黑色塑料片划伤所致，该塑料小片为软质塑料，带一定弧度，形状为梯形，其中三边为机加工边，边缘较为锋利，另外一边为断裂边，可见断裂痕迹。另外，该塑料小片可能为机轮外胎内壁附着物，如果是这样，则工作者在组装机轮时，就存在检查机轮外胎内壁不仔细，未发现外胎内侧异物的问题。

预防措施

（1）修订完善机轮组装工卡，在装配内胎之前增加详细检查外胎内壁无异物、无损伤，内胎表面无异物、无损伤的要求。

（2）在组装轮胎工作现场，保持环境清洁，防止外来物进入轮胎内部。

1.16　Cessna 172R 飞机主起落架腐蚀

故障件	ATA 代码	系统子类	故障模式
主起落架	3210	主起落架	腐蚀

故障描述

　　Cessna 172R 飞机在厂进行检修时发现，部分飞机主起落架出现腐蚀（见图 1.16.1、图 1.16.2），需进行更换。

图 1.16.1　Cessna 172R 飞机主起落架支柱中部腐蚀

图 1.16.2　Cessna 172R 飞机主起落架支柱轮轴处腐蚀

故障原因

造成主起落架腐蚀的原因有下面几个方面：
（1）飞机露天停放。
（2）支柱上粘贴特氟龙防磨带下部易聚集水分和潮气。
（3）主起落架整流罩铆钉与支柱相磨，造成主起落架支柱漆层剥落，支柱腐蚀。
（4）长期使用，部件表面漆层开裂后，雨水等进入造成腐蚀。

另外，Cessna 172R 主起落架表层有一层很薄的喷丸强化层，该层主要起到提高疲劳寿命的功能。喷丸强化层的腐蚀，将降低主起落架疲劳寿命。

预防措施

加强检查，及时更换腐蚀超标的主起落架支柱。

1.17 Cessna 172R 型飞机 GTX33 应答机不能保持在工作位

故障件	ATA 代码	系统子类	故障模式
应答机	3452	空中交通管制应答机系统	不能保持在工作位

故障描述

某段时期，多架 C172R 飞机在飞行前和飞行中多次发生应答机不能保持在工作位，收发机自动切换到准备位的故障。采取清洁插头、重新装载软件等措施，均未根本解决问题，最终应答机都返厂维修。

故障原因

经咨询 Cessna 和 Garmin 公司工程师，他们对此故障的分析为：172R 飞机电子设备开关接触不良产生的尖峰电流会对 GTX33 的内部电源造成损坏，使 GTX33 自动切换到准备状态，这时 GTX33 必须返厂修理。

后通过电话沟通，Garmin 工程师指出 GTX33 的这种损坏是内部主电源故障，为避免机器的进一步损伤，自动切换到备用电源，并进入准备状态。G1000 系统的其他设备不会被尖峰电流损坏。

预防措施

目前送到 Garmin 工厂进行修理的 GTX33（各种原因），都会对电源部分进行升级，之后不会再受到尖峰电流的影响。

（1）维修人员已对相应的故障飞机更换了电子设备开关。

（2）目前尚不能最终确认这些应答机的故障是电子设备开关接触不良造成。

（3）跟踪 3 架飞机使用情况，如 100 h 以后使用正常，拟对 172R 机群全部更换电子设备开关。

（4）已在方案中加入电子设备开关定期（2 年检）更换。

1.18　Cessna 172R 飞机刹车油缸下部固定支架裂纹

故障件	ATA 代码	系统子类	故障模式
刹车油缸固定支架	5310	机身主结构	裂纹

故障描述

某架 Cessna 172R 飞机在运行中，飞行人员先后反映踩刹车时脚蹬不平，经地面检查，发现飞机右侧刹车油缸固定支架内侧腹板撕裂，随后普查发现机队中很多飞机都存在类似问题。裂纹位于腹板上油缸支架的铆接处，较长的裂纹已贯穿上部两个铆钉孔，如图 1.18.1、图 1.18.2、图 1.18.3 所示。

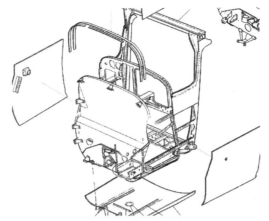

图 1.18.1 损伤件位置

图 1.18.2 裂纹尺寸

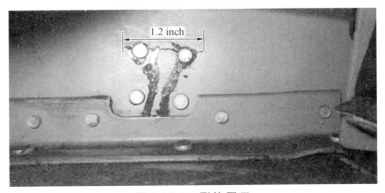

图 1.18.3 裂纹图示

故障原因

　　该处裂纹应为长期循环受力导致产生了疲劳裂纹，但从该裂纹普遍存在的情况看，深层次原因是该处腹板的结构强度不高，不能保证该处长时间承受踩刹车的循环力。

预防措施

　　（1）对裂纹进行补强修理，对未发现裂纹的飞机，对刹车油缸下部支架腹板进行补强改装，提高该处的结构强度。

　　（2）对补强修理或改装的位置进行定期检查。

1.19　Cessna 172R 飞机前起落架安装座固定铆钉断裂/松动

故障件	ATA 代码	系统子类	故障模式
固定铆钉	5310	机身主结构	断裂/松动

故障描述

　　某架 Cessna 172R 飞机在机体定检过程中，发现前起落架安装座与机身防火墙位置的 4 根连接螺栓松动，在后续的拆卸、检查中，发现该机前起落架安装座除了螺栓松动外，其上部安装座一颗铆钉断裂，下部安装座一颗铆钉松动，如图 1.19.1 所示。

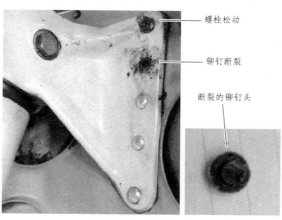

图 1.19.1　Cessna 172R 飞机前起落架安装座固定铆钉损伤图

故障原因

从前起落架上部安装座连接方式可以看出，安装座每边由 1 根螺栓和 4 颗铆钉连接，运行中的应力主要由螺栓承担，一旦前起落架安装座螺栓松动，则螺栓承受的应力就减小，导致铆钉承受的应力增加。4 颗铆钉中，最上部的铆钉因最靠近螺栓，承受的应力增加值最大，超过其强度极限而断裂。

预防措施

注意检查前起落架上、下安装座与防火墙连接螺栓、铆钉是否有松动，安装座孔周围是否有裂纹，及时对损伤进行恢复、修理。

1.20　Cessna 172R 飞机机翼蒙皮褶皱

故障件	ATA 代码	系统子类	故障模式
机翼蒙皮	5730	机翼板/蒙皮	变形

故障描述

某架 Cessna 172R 飞机在定检中，发现该机左右机翼下部出现蒙皮褶皱、脱漆现象，如图 1.20.1、图 1.20.2 所示。经普查，机队中有多架飞机相同部位有蒙皮褶皱、脱漆。

图 1.20.1　Cessna 172R 飞机左机翼下部蒙皮褶皱

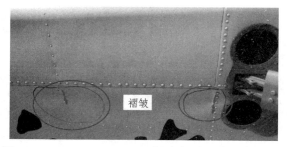

图 1.20.2　Cessna 172R 飞机右机翼下部蒙皮褶皱

故障原因

经过分析，机翼下部靠近斜撑杆区域的蒙皮褶皱原因可能为：

（1）重着陆，主要表现为着陆时主轮单轮着地或下降速率超过限制，导致蒙皮褶皱.

（2）在严重颠簸气流中飞行过，导致蒙皮褶皱。

1.21　Cessna 172R 飞机发动机气门机构推杆与摇臂磨损

故障件	ATA 代码	系统子类	故障模式
气门推杆和摇臂	7100	动力装置	磨损

故障描述

2013 年 11 月 6 日，机务人员在完成某架 Cessna 172R 飞机发动机翻修 400 h 定期维护时，检查气门机构发现 1#缸进气门，3#缸排气门，2#缸进、排气门，4#缸进、排气门的摇臂与推杆球面接触的位置存在磨损，1#缸、2#缸、4# 缸的摇臂轴也有不同程度的磨损，如图 1.21.1、图 1.21.2 所示。

机务人员在随后的检查过程中，确认发动机滑油系统压力正常；调取飞行数据分析，确认发动机使用正常，不存在低滑油温度下推大车的情况；但在检查推杆座和柱塞时，发现柱塞的密封性较差。

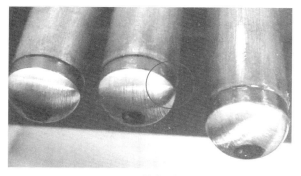

图 1.21.1　推杆球面磨损

图 1.21.2　摇臂球面磨损

故障原因

液压柱塞密封性较差，柱塞伸长量不足导致滑油从柱塞外壁流入推杆座的侧向间隙减小，推杆内滑油通道进油量下降，推杆内部通道滑油不足。

由于各缸排气门和进气门弹簧、气门导套、气门的润滑冷却都是通过推杆外壁通道出油进行润滑；摇臂轴、摇臂、推杆球面的润滑是滑油从柱塞外壁流入推杆座进入推杆内部滑油通道进行润滑；从故障现象看，摇臂轴、摇臂和推杆球面相接处位置有磨损，而其他机构润滑冷却均正常，由此可以断定是由于推杆内部通道滑油不足，最终导致了摇臂轴、摇臂和推杆润滑不良，出现干磨。

预防措施

更换密封性差的液压柱塞，更换磨损的摇臂轴、摇臂和推杆。

1.22 Cessna 172R 飞机油门钢索断丝

故障件	ATA 代码	系统子类	故障模式
油门钢索	7600	发动机控制	断裂

故障描述

某架 Cessna 172R 飞机在进近过程中，机组收油门时发现油门卡阻，此时发动机转速约 1 700 r/min，机组尝试增大前推、后拉力度，油门手柄皆卡住不动。随后，机组根据塔台指挥，按照油门卡阻应急处置程序安全着陆。

后续拆下油门操纵钢索，将其从中部截断，从护套中抽出钢索，发现钢索有断丝，如图 1.22.1 所示。

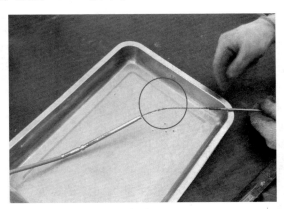

（a）

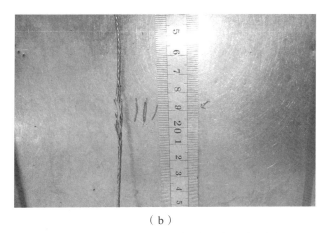

（b）

图 1.22.1　Cessna 172R 飞机油门操纵钢索断丝

故障原因

Cessna 172R 飞机 A 型机在油门操纵钢索的走向过程中，因受到发动机附件机匣右下部真空泵通气弯管的影响（见图 1.22.2），钢索必须绕开真空泵通气弯管，如果钢索从弯管上部绕过，则钢索在钢索支架固定点位置的弯曲就严重一些，如果钢索从弯管下部绕过，钢索在支架固定点位置的走向就相对平滑，如图 1.22.3 所示。所以，造成钢索断丝的原因很可能是由于钢索走向不平顺造成的。

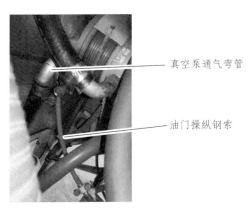

真空泵通气弯管

油门操纵钢索

图 1.22.2　Cessna 172R 飞机真空泵通气管与油门钢索位置图

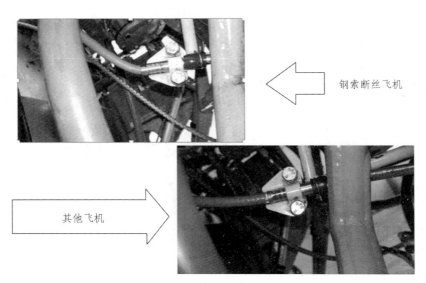

图 1.22.3　Cessna 172R 飞机油门钢索在支架处的弯曲情况对比

预防措施

（1）在重新安装发动机油门钢索或换发时，让油门钢索从真空泵通气弯管下部绕过。

（2）在钢索安装过后及日常的检查中，重点检查钢索的走向是否平顺，是否有弯曲过大的问题，并及时调整。

1.23　Cessna 172R 飞机发动机参数显示红叉故障

故障件	ATA 代码	系统子类	故障模式
转速表传感器导线	7714	发动机转速指示系统	磨损

故障描述

某架 172R 飞机在飞行中发动机参数全显红叉。

故障原因

更换 GEA71 机体/发动机接口组件无效，重新安装 GEA71 软件无效。详细检查线路时，发现转速表传感器导线磨损。

172R 飞机转速表传感器共 3 根导线（见图 1.23.1），白色为传感器电源输入（+10 V），蓝色为传感器信号输出，橙色为传感器接地线。

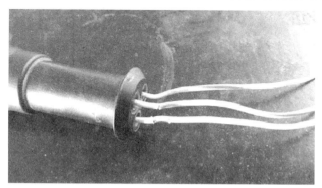

图 1.23.1　转速表传感器导线

根据地面检查与试验的结果，此次故障原因为转速表传感器插销根部处的电源输入线（INPUT，白色+10V）和信号地线（GND，橙色）破损后相互接触短路，造成 GEA71 输入信号短路，GEA71 进入保护状态，所有输入输出信号无效。

在排故过程中进一步测试发现：转速表传感器的白线和橙线短路会造成发动机参数全部显示红叉；而橙线和蓝线短路会使转速指示瞬间出现红叉，然后指示某一转速并回到零位。传感器导线短路的直接原因是保护导线的热缩管长期使用后老化变硬，直接摩擦导线，并且由于导线捆扎固定位置造成导线走向不合适，使导线绝缘层磨破短路。

预防措施

（1）采取在导线根部涂胶，重新规划捆扎导线的方式消除故障隐患。

（2）建议加强发动机传感器导线的检查，调节导线走向，避免传感器根部导线弯度过大，对老化严重的热缩管及时拆除更换（可结合换发）。

1.24 Cessna 172R 型飞机气缸头温度传感器和排气温度传感器导线磨损

故障件	ATA 代码	系统子类	故障模式
气缸头温度传感器导线	7721	气缸头温度指示系统	磨损
排气温度传感器导线	7722	发动机 E G T / T I T 指示系统	

故障描述

　　某架 C172R 飞机在完成换发工作中，发现 1、3 号缸排气温度传感器和气缸头温度传感器导线均有磨损。次日，另一架 C172R 飞机在完成换发工作中，检查发现发动机 1 号缸排气温度传感器导线有 3 处磨损，如图 1.24.1 所示。

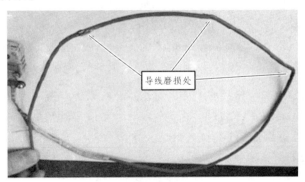

导线磨损处

（a）

磨损导线位置

（b）

图 1.24.1　排气温度传感器导线磨损

故障原因

（1）发动机导线外部黑色波纹管绑扎不合理，波纹管内部导线拉伸过紧。

（2）黑色波纹管内部空间大，导线在波纹管内部未固定。在发动机抖动时，导线与波纹管内表面发生相对位移，并且波纹管内表面不平整，有齿状条纹，使导线磨损。

（3）导线磨损均发生在黑色波纹管弯曲和绑扎处。

结论为飞机在生产过程中导线捆扎方式不当。

预防措施

对该部位导线进行普查，将原波纹管更换为石棉带捆扎，对已受损伤导线进行更换或修复。

1.25　Cessna 172R 起动机非正常工作故障

故障件	ATA 代码	系统子类	故障模式
起动机	8011	发动机起动机	起动机继电器触点粘连

故障描述

某架 172R 飞机在机组直接准备阶段进行外部灯光检查打开 BAT 电门时，出现起动机自动接通，带动螺旋桨自行转动的非正常现象。由于机组严格执行了飞行前检查单卡，在打开 BAT 电门之前，发出了"离开螺旋桨"的口令，并确认螺旋桨附近没有人员，避免了螺旋桨非正常转动导致的伤人事件发生。

故障原因

维修人员在磁电机开关未置于起动位时，测量起动继电器线圈控制电路，JC001 插销 4 号插钉与 PB018 插销 E 号插钉开路，正常；测量起动继电器上、下静触点处于导通状态，异常。为此，维修人员确认该起故障原因为起动机继电器触点粘连。

随后，维修人员对故障继电器进行了破坏式分解（起动继电器为全封闭式金属结构），检查发现起动继电器上部静触点有约长 × 宽 × 高 = 11 mm × 2 mm × 0.4 mm 的烧蚀，如图 1.25.1、图 1.25.2、图 1.25.3 所示。

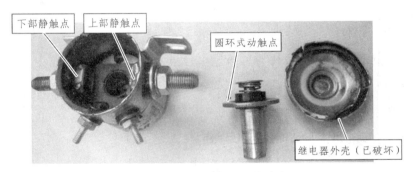

图 1.25.1　起动继电器整体分解图

图 1.25.2　上部静触点烧蚀情况

烧蚀情况：在宽约2 mm的圆环上有烧蚀痕迹。
注：动触点可转动

图 1.25.3 动触点烧蚀情况

预防措施

（1）此故障为偶发故障，与飞机、起动继电器使用时间无直接关系，不能采取预防性维修。

（2）向全体人员传达，重申地面通电安全要求。

2　PA44-180 飞机故障实例

PA44-180 型飞机是由美国派泊飞机制造公司生产的双发螺旋桨飞机，如图 2.0.1 所示，英文名：Seminole（西门诺尔），俗称"小双发"。该型飞机为下直锥形机翼，左、右机翼上各安装一台莱康明公司生产的活塞发动机，使用 Hartzell 公司生产的二叶螺旋桨，尾翼由垂直、方向舵和全动平尾组成，起落架为可收放前三点式起落架。该型飞机安装有良好的通信、导航和先进的仪表设备，可在目视、仪表气象条件下进行飞行训练，是较理想的中级教练机。

图 2.0.1　PA44-180 飞机

主要技术指标

一、发动机

（1）发动机型号：O-360-A1H6（左，顺时针），LO-360-A1H6（右，逆时针）。

（2）额定功率：180 hp。

（3）最大转速：2 700 r/min。

二、最大重量

（1）最大停机重量：3 816 lb。
（2）最大起飞重量：3 800 lb。
（3）最大着陆重量：3 800 lb。
（4）最大行李重量：200 lb。
（5）乘员：4 人。

三、空速限制

限制类型		指示空速（NM）	校正空速（NM）
限制速度		202	194
结构限制的最大巡航速度		169	165
设计机动速度	飞机总重 3 800 lb 时	135	133
	飞机总重 2 700 lb 时	112	112
单发失效时，获得最大爬升率的爬升速度		88	90
空中最小可操纵速度		56	63

四、燃油限制

（1）油箱总容量 110 美加仑。
（2）不可用燃油 2 美加仑。

五、外形尺寸

长：8 410 mm，高：2 590 mm，翼展：11 750 mm。

2.1 PA44-180 飞机左右座无线电通信发射同时失效

故障件	ATA 代码	系统子类	故障模式
无线电通信	2311	甚高频通信	粘连

故障描述

2012 年 5 月 26 日上午，一架 PA44-180 飞机在执行空域带飞训练任务。约 10:21，机组发出仪表进港请求后，准备答复机场进近指挥员的许可指令时，发现左、右驾驶均无法发射无线电信号，但接收正常。于是机组打开手机，用短信向机场塔台指挥员汇报了情况，塔台指挥员按无线电单边失效处置程序，让飞机按要求加入本场盲降 DME 进近。10 点 50 分左右，飞机安全着陆。

故障原因

据飞行机组描述，在按压右驾驶无线电通信发射按钮后，该发射按钮不能弹回，持续约 1 min 后，机组发现左、右驾驶均无法发射无线电通信信号。

维修人员排故检查，发现右驾驶无线电通信发射按钮操作失效，粘连在发射状态。更换右座发射按钮后，地面通电测试，左、右驾驶无线电通信发射功能恢复正常。

PA44-180 飞机装有两部无线电收发机 GNS430/W，根据《GNS430/W 飞行员参考手册》及《GMA340 飞行指南》中的介绍，当 GNS430/W 处于发射状态时，其可选工作方式主要有 COM1/MIC、COM2/MIC、COM1/2 三种。

当飞行机组选用 COM1/MIC 或 COM2/MIC 工作方式时，左、右驾驶是使用同一个 GNS430/W 收发机进行对外发射。当按压单个发射按钮后，若发射持续时间超过 35 s，GNS430/W 收发机将自动抑制无线电信号发射功能。此时再按压另外一个发射按钮，也不能向外发射无线电信号，直到本 GNS430/W 收发机的连续发射状态被人工取消后，才能通过重新按压发射按钮使本 GNS430/W 收发机重新处于发射状态，恢复对外通信。

当飞行机组选用 COM1/2 工作方式时，则左、右驾驶工作于分离模式，分别选取不同的 GNS430/W 收发机进行发射，即左驾驶使用 1 号 GNS430/W 发射，右驾驶使用 2 号 GNS430/W 进行发射。此时，如果右驾驶发射按钮粘连，左驾驶仍然可以正常发射；如果左驾驶发射按钮粘连，右驾驶仍然可以正常发射。

由于飞行机组在飞行中一般选用的是 COM1/MIC 工作方式，左、右驾驶共同使用 1 号 GNS430/W 进行发射。故障当日，当右驾驶按下发射按钮后，该发射按钮不能弹回，粘连在发射状态，使 1 号 GNS430/W 持续发射时间超过了 35 s，最终导致 1 号 GNS430/W 自动抑制发射，所以此时按压左驾驶发射按钮也不起作用。当更换右驾驶发射按钮后，人工解除了 GNS430 的自动抑制发射功能，正常发射功能恢复正常。PA44-180 飞机通信导航控制面板如图 2.1.1 所示。

图 2.1.1　PA44-180 飞机通信导航控制面板

预防措施

当 PA44-180 飞机在空中发生由于单个发射按钮粘连，引起通信失效故障时，可通过先按压 COM1/2 按钮，然后再重新按压另外一个正常的发射按钮，来恢复地空间的通信。

2.2　PA44-180 飞机发电机输出异常

故障件	ATA 代码	系统子类	故障模式
发电机调压器	2436	直流调压器	调节不当

故障描述

一架 PA44-180 飞机 2013 年 10 月 29 日上午参加飞行，起飞大约 40 min 后滑回，机组反映：左发电机故障，左发电机不输出，发电机警告灯亮，机组随后关掉左发电机电门再打开，系统恢复正常，左发供电，大约 15 min 后故障再次出现，随后滑回。

故障原因

首次排故时，检查发电机各接线柱、导线连接情况良好，部附件外观良好，发电机开关功能正常；试车中，系统工作正常，但在关闭全部负载大约 10 min 后，ALT 灯亮，重置左发电机开关，ALT 灯灭；试车时分别测量单台发电机供电时连接汇流条电压，均超过 15 V，遂在发动机转速为 1 200 r/min 时将两台发电机单台输出时连接汇流条的电压调节到 14.50 V。因右调节器调节困难，更换了右发电机调压器。但飞机恢复飞行后，再次出现发电机不输出的故障。

第二次排故，更换了左发电机调压器，并在断开所有负载的情况下，分别两台发电机单台输出时连接汇流条的电压调节到 14.50 V，至此故障彻底排除。

经过分析，由于原左发电机调压器空载稳压点设置值过高 > 15 V（实际值：15.20 V），当负载变化时发电机输出电压波动值大于左发电机调压器过压保护点，左发电机调压器过压保护，自动关断左发电机励磁电流，使左发电机工作失效，导致 ALT 故障灯亮。

当重新调节左发电机调压器稳压点设置值 < 15 V 后（实际值：14.50 V），当负载变化时发电机输出电压波动值小于左发电机调压器过压保护点，左发电机调压器不会出现过压保护，左发电机工作正常，ALT 故障灯不会被点亮。

预防措施

（1）修改相关工作单，每 50 h 检查调节左、右发电机调压器输出至连接汇流条的空载电压为 14.5 V + 0.1 V。

（2）加强飞行使用培训，注意观察发电机供电系统失效故障警告，并熟知发电机供电系统失效后的相关处置程序。

2.3　PA44-180 飞机空中断电

故障件	ATA 代码	系统子类	故障模式
发电机调压器 飞机电瓶	2436 2432	直流调压器 电瓶系统	老化

故障描述

2013 年 4 月 7 日 13:50，飞行机组驾驶一架 PA44-180 飞机执行转场飞行训练任务。约 14:30，突然两部 GNS430 通信导航设备黑屏，中断了与塔台的联系。机组将应答机调至 A7600，关闭电子设备总电门和 GNS430 通信导航设备开关，对主汇流条和电瓶断路器进行复位，重启两部 GNS430 通信导航设备后恢复正常，14:35 左右再次与塔台取得无线电双向联系，于 14:55 安全着陆。

机务人员针对该故障进行了下列检查：

（1）电瓶外观检查：电瓶固定可靠，电瓶接线柱上的正线和负线接线片固定可靠，电瓶外部状况无破损，接线柱无松动。

（2）电瓶电解液密度及电压检查：电瓶无负载电压为 12.5 V，电瓶单格电解液密度分别为 1.15、1.13、1.17、1.20、1.14、1.19，此检测结果表明此电瓶容量低，电瓶过度放电。

（3）左/右发电机及与发电机相连的所有导线的检查：左/右发电机外观良好、固定可靠，发电机皮带张力和发电机碳刷高度均正常；与发电机相连的所有电气导线固定、连接可靠，无摩擦、裂纹、老化。

（4）左/右发电机调压器外观检查：左/右发电机的调压器外观良好、固定可靠，调压器插销连接良好，脱开插销检查各插钉无锈蚀、弯曲、缩进等现象；与调压器相连的所有导线无破损、断裂、跳火迹象，各接线片固定可靠，无松动。

（5）前设备舱内各继电器检查：电瓶继电器、两个电子设备继电器和两个起动继电器固定可靠，导线无破损，所有继电器功能测试正常。

（6）开关、断路器及汇流条连接检查：电瓶电门、左发电机电门、右发电机电门、电子设备电门导线连接可靠，功能测试正常；连接汇流条（TIE BUS）上的左、右发电机断路器（L ALT，R ALT）、电瓶断路器（BATTERY）、两个主汇流条断路器（MAIN BUS）、两个电子设备汇流条断路器（AVIONICS #1，AVIONICS #2）导线连接可靠，功能测试正常。

（7）警告系统的测试检查：通电测试警告系统，警告灯工作正常。

（8）发电机供电系统负载能力测试检查：结合地面试车，测试左/右发电机供电系统负载能力，左为 58 A，右为 60 A，满足飞机正常供电需求。

故障原因

分析认为：飞行中，PA44-180 飞机在使用液压泵收放起落架等大负载设备时，电瓶需辅助向汇流条供电才能满足机载设备用电需要。4 月 7 日该飞机收放起落架时，瞬时电流峰值大，由于发电机调压器（出厂原装设备）性能下降，且电瓶（2010 年 10 月 10 日启用）对峰值电流过滤作用降低，过大的峰值电流引发发电机调压器过压保护动作，自动切断双发发电机的励磁电流，发电机停止工作，仅靠电瓶供电，最终使飞机供电系统电压过低，两部 GNS430 通信导航设备黑屏，中断了与塔台的联系。随后，机组对主汇流条和电瓶断路器进行复位操作，发电机调压器得以复位，发电机重新恢复工作。

预防措施

（1）更换左、右发电机调压器，更换电瓶。

（2）加强对调压器性能的监控。

2.4 PA44-180 飞机主起落架可折撑杆上部支座断裂

故障件	ATA 代码	系统子类	故障模式
支座	3211	主起落架连接部分	断裂

故障描述

某架 PA44-180 飞机在完成 2 000 h 结构检修时，发现该机左主起落架可折撑杆上部支座断裂，如图 2.4.1 所示，断口状态如图 2.4.2 所示。对执管的其他 PA44-180 飞机主起落架可折撑杆进行了在位普查，未见异常。

图 2.4.1 断裂的主起落架可折撑杆上部支座

图 2.4.2 断口状态

故障原因

通过支座断口状态分析，该断裂应该是疲劳断裂，由于支座长期受到起落架可折撑杆反复的推拉作用力，在一侧产生了初始的疲劳裂纹（平齐端口侧），最终导致该支座断裂。

预防措施

在机体结构检查中，对支座进行详细检查，首先将支座清洁干净，然后使用反光镜、放大镜等工具对支座进行详细检查，如发现疑似裂纹，则拆下支座进行无损探伤。

2.5　PA44-180 飞机主起落架放下锁上锁不到位

故障件	ATA 代码	系统子类	故障模式
放下锁	3230	主起落架收放系统	间隙不正确

故障描述

2012 年 8 月 27 日中午停飞时，在机场检查发现一架 PA44-180 飞机主起落架放下锁后侧锁钩仅扣上锁销约 1/2（见图 2.5.1）；检查另一架同型号飞机发现右主起落架右侧约有 1/3 未扣上（见图 2.5.2）。

图 2.5.1　放下锁锁钩仅上锁约 1/2

图 2.5.2　放下锁锁钩仅上锁约 2/3

故障原因

主起落架放下锁如果上锁不到位，可能造成放下锁脱锁，使起落架无法保持在放下锁定位，造成飞机结构损伤。

造成主起落架放下锁上锁不到位的原因是经过长时间使用后，上锁机构间隙发生变化，从而导致锁钩和锁销相对位置变化，锁钩无法全部扣入锁销。

预防措施

严格落实 PA44-180 飞机机体 100 h 定检中起落架下位锁机构的检查和功能测试。若发现下位锁上锁不充分，应按照手册程序及标准进行调整。

2.6 PA44-180 飞机起落架指示灯不亮

故障件	ATA 代码	系统子类	故障模式
放下锁定电门导线	3260	起落架位置指示	断裂

故障描述

2012 年 12 月 8 日，一架 PA44-180 飞机执行本场带飞训练。在地面滑行和试车过程中，飞机警告灯和起落架指示灯都正常。起飞后，正常收上起落架，液压系统警告、起落架指示都正常。

当机组准备执行慢飞和失速科目时，放下起落架后，刚开始起落架放下指示灯显示正常，几秒钟后右起落架放下灯自动熄灭。机组倒换起落架指示灯、重新收放起落架，右起落架放下指示灯仍然不亮。于是向塔台报告情况，申请返场。塔台得到机组报告后，启动应急预案。机组按塔台指挥做了两次通场和一次点着陆，以此判断起落架是否放到位。最后根据塔台指挥按照短跑道落地方法使飞机安全着陆。

故障原因

　　维修人员按照排故工作单检查了右起落架指示灯系统，检查发现右起落架放下锁定电门导线插头（P213）上的 1 号插钉和 3 号插钉不能正常接通。拆下右起落架放下锁定电门做进一步检查，破开电门根部橡胶保护层发现电门根部一根导线断裂，经测量该导线连接右起落架放下锁定电门导线插头（P213）上的 3 号插钉，如图 2.6.1 所示。

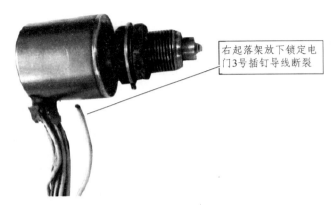

右起落架放下锁定电门3号插钉导线断裂

图 2.6.1　放下锁定电门 3 号插钉导线断裂

　　经分析，起落架放下锁定电门导线走向不合理，导致导线束在电门根部弯折角度过大，导线在其根部受较大弯曲应力，在长时间的使用过程中，起落架反复收放，该导线束也随之反复弯折，最后出现断裂。

预防措施

　　（1）更换导线断裂的放下锁定电门，调整导线走向，避免导线过度弯折。

　　（2）检查同型号飞机是否存在该问题，视情进行纠正。

2.7　PA44-180 飞机主起落架放下锁弹簧钢板断裂

故障件	ATA 代码	系统子类	故障模式
放下锁弹簧连接钢板	3230	起落架收放系统	断裂

故障描述

2013 年 10 月 30 日，一架 PA44-180 飞机在进行机体 50 h 定期维护工作过程中，机务人员检查发现左主起落架的放下锁弹簧连接钢板（P/N：67753-000）断裂，放下锁弹簧已经悬空。该件使用时间为 12 842 h15 min，起落 30 184 次。

放下锁弹簧连接钢板断裂前后对比如图 2.7.1 所示，断裂钢板及断裂截面如图 2.7.2 所示。

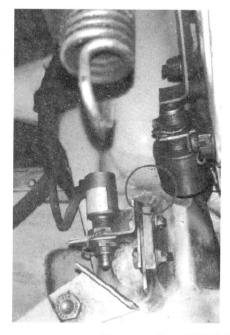

图 2.7.1　放下锁弹簧连接钢板断裂前后对比

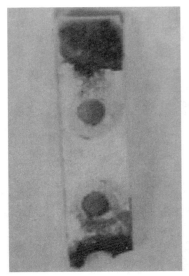

图 2.7.2　断裂钢板及断裂截面

故障原因

　　经过分析，每次起落架收放，放下锁弹簧就会经历拉伸运动，而弹簧的连接钢板也就长期经受周期变化的弹簧拉力，所以此断裂属于典型的疲劳断裂。

预防措施

　　更换断裂的弹簧连接钢板。

2.8　PA44-180 飞机真空泵排气管脱落

故障件	ATA 代码	系统子类	故障模式
真空泵排气管及接头	3700	真空系统	松脱

故障描述

2012 年 3 月 14 日，某架 Cessna172 飞机执行本场训练，在滑跑中心圈 100 m 处发现一异物，并报告指挥员，指挥员指挥后面着陆脱离的 Cessna172 飞机机组下飞机将异物捡回交机务值班人员。

机务人员检查确认为 PA44-180 型飞机的真空泵排气管，遂通知正在执行训练飞行的 PA44-180 飞机滑回机库检查，确认捡回的排气管为某架 PA44-180 飞机右发的真空泵排气管。进一步检查发现真空泵排气管接头螺纹滑丝，如图 2.8.1 所示，在飞行中受振动脱落。更换真空泵和排气接头及排气管后试车检查发动机和真空系统工作正常。

图 2.8.1　真空泵排气接头磨平的螺纹

故障原因

经查询该机维护记录，确认 2011 年 5 月 20 该机因真空系统警告灯亮更换了右发真空泵，换上了序号为 B4327 的真空泵，至本次排气接头及软管脱落，该泵使用时间为 801 h 小时，排气接头及软管使用时间为 5 595 h39 min，自装机后一直未更换过，经检查，排气接头下端螺纹有 2 扣在约 1/3 圆周上已接近磨平，上端螺纹稍有变形和磨损，真空泵排气口内螺纹损伤情况与接头相似，外部螺纹变形和磨损量较大，内部螺纹仅有变形，但整体上其螺纹较排气接头损伤小。排气接头螺纹带锥度，螺纹稍有磨损时，会导致螺纹整体受力不均，分析认为排气接头安装到真空泵排气口后，在发动机工作时长时间受振动，接头下端螺纹开始磨损，当其磨损变平后失去啮合能力，出现松动和间隙，进一步导致上端螺纹和真空泵内螺纹变形，并在整体上导致螺纹啮合力降低，最终导致从真空泵排气口上脱落。

预防措施

（1）更换真空泵时加强对排气接头的检查，重点检查其螺纹是否有损伤，发现有损伤时，应做报废处理。

（2）更换真空泵时应检查确认真空泵新件套件中新密封垫外形完好。

（3）修订工作单，将前述检查要求增加在工作单中，对维修人员实施培训。

2.9　PA44-180 飞机真空泵底座渗油

故障件	ATA 代码	系统子类	故障模式
真空泵底座密封圈	3700	真空系统	变形

故障描述

2012 年 3 月 15 日，某架 PA44-180 飞机执行转场训练任务，10:00 左右，在南充落地后机组发现右襟翼上表面有少量滑油痕迹，机务人员接到故障报告后，10:30 左右抵达南充机场，对飞机和右发动机进行了全面的检查，滑油量为 5.8 qt①，右发真空泵底座渗油，真空泵 4 个固定螺帽中，左下角的螺帽相比其他 3 个螺帽紧度偏低，排故人员分析认为 4 个固定螺帽拧紧程度不一致，密封垫受力不均而变形损坏，导致出现渗油，随即更换了真空泵底座密封圈后地面试车检查正常。图 2.9.1 所示为真空泵装配图。

---

① 1 qt = 1.1 365 L

真空泵安装
螺杆及螺帽

真空泵

图 2.9.1　真空泵装配图

故障原因

经查询维护记录，该机前一天刚更换了右发真空泵和排气接头及软管，3 月 15 日飞行前检查右发滑油量为 6.2 qt，因该发使用时间为 1 597 h12 min，计划飞行 3 h 后进行 400 h 定检，飞行前滑油量符合 6～8 qt 的放飞标准，当日飞行 2 h48 min，出现真空泵渗滑油后滑油量为 5.8 qt，估计发动机工作消耗滑油约为 0.2 qt，真空泵底座渗油约 0.2 qt。

在该机真空泵排气接头脱落后，更换了真空泵和排气接头及排气管，因真空泵螺帽安装空间狭小，其底座左下角的螺帽安装难度大，可能由于工作者工作经历和经验较少，在安装真空泵底座左下角螺帽时，安装紧度较其余 3 个螺帽稍低，导致真空泵出现渗滑油。

预防措施

（1）在从事类似不易"检查"、不易"安装"的维修工作时，要求维修人员加强维修工作的检查和复查，要求各中队加强对维修人员状态的掌握，以分配合适的工作项目，确保维修人员的工作质量符合要求。

（2）制作真空泵底座螺栓安装的专用工具。

2.10 PA44-180 飞机机腹蒙皮腐蚀

故障件	ATA 代码	系统子类	故障模式
蒙皮	5300	机身结构	腐蚀

故障描述

　　2013 年 4 月 24 日，机务人员在完成一架 PA44-180 飞机定检时，发现前起落架轮舱后隔框（STA44.50）、机身隔框（STA73.04）、机身隔框（STA128.74）3 个位置机腹右侧蒙皮接搭处外层蒙皮边缘及前起落架轮舱右侧机腹蒙皮两颗铆钉腐蚀，如图 2.10.1 所示。

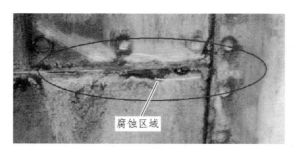

图 2.10.1　蒙皮搭接处外层蒙皮边缘腐蚀

　　腐蚀表现为：蒙皮边缘、铆钉周围漆层鼓包，手指按压后漆层脱落，脱落漆层表面下有银灰色粉末状腐蚀产物，底层发黑。

　　腐蚀状况：隔框（STA44.50）腐蚀区域长约 15 cm，宽度约 1 cm；隔框（STA73.04）腐蚀区域长约 16 cm，最大宽度约 1 cm；隔框（STA128.74）腐蚀区域长约 6 cm，最大宽度约 0.5 cm，未发现铆钉松动。

故障原因

　　经过检查机腹腐蚀部位及普查发现：其他 PA44-180 飞机机腹同样的位置也存在腐蚀，均位于机腹右侧电瓶通气管之后区域，可以确定是通气管排出的酸液导致了机腹右侧蒙皮腐蚀。

预防措施

（1）对腐蚀进行了除腐和防护处理，主要工序为：清洁腐蚀部位、彻底清除腐蚀物（注意：用 180 目或更细的砂纸打磨腐蚀物，应尽量少打磨未腐蚀部位）、对打磨部位涂阿罗丁（Alodine 1 200 s），然后涂底漆、面漆。

（2）每 2 000 h 对防腐处理区域进行检查。

2.11　PA44-180 飞机发动机架安装点加强支架腐蚀

故障件	ATA 代码	系统子类	故障模式
加强支架	5400	短舱结构	腐蚀

故障描述

2012 年 10 月，一架 PA44-180 飞机进厂完成 2 000 h 结构检查时，发现位于发动机短舱内的发动机架安装点加强支架腐蚀，如图 2.11.1，图 2.11.2 所示。该加强支架为钢质，原厂状态有黑色漆层包裹，装于短舱防火墙之后。后检查其他 PA44-180 飞机，也发现有同类问题。

图 2.11.1　发动机短舱中腐蚀的加强支架

图 2.11.2　加强支架底部腐蚀状态

故障原因

　　经过分析短舱的结构，发现发动机短舱侧面的检查口盖没有采取密封措施，导致雨水容易进入到发动机短舱中，而腐蚀的加强支架正好处于易积水区。另外，加强支架和短舱的连接处没有涂密封胶，加强支架与短舱连接面形状不完全匹配，这些因素导致加强支架和短舱之间存在缝隙，水更容易在缝隙中积存，最终导致加强支架腐蚀。

预防措施

　　（1）换用新的加强支架，新的加强支架底部加工有台阶，使得支架与短舱之间的连接部位贴合更好。新旧支架底部结构对比如图 2.11.3 所示。
　　（2）安装新支架时，在接合面上涂密封胶，防止水侵入缝隙。
　　（3）给短舱侧面检查口盖涂密封胶，防止雨水通过检查盖板装配缝隙进入短舱。
　　（4）在短舱的最低位置打一漏水孔，及时将积水排出舱外。
　　（5）在 100 h 定检中增加短舱内目视检查的要求。

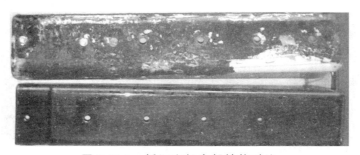

图 2.11.3　新旧支架底部结构对比

2.12　PA44-180 飞机发动机舱内侧角铝裂纹

故障件	ATA 代码	系统子类	故障模式
发动机舱内侧角铝	5400	短舱结构	裂纹

故障描述

2013 年 6 月，大修厂在完成一架 PA44-180 飞机 2 000 h 结构检查时，发现左发动机舱内侧角铝有 23 mm 长的陈旧性裂纹，从一颗铆钉孔向后贯穿至后侧铆钉孔并延伸，如图 2.12.1、图 2.12.2 所示。该机总飞行时间 11 801 h13 min。

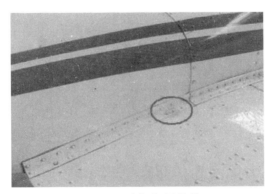

图 2.12.1　裂纹角铝的位置

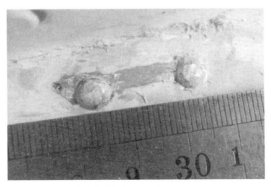

图 2.12.2　角铝裂纹

故障原因

　　发动机舱区域振动比较大，可能由于角铝的铆钉孔制孔时存在缺陷，导致在长时间振动环境下，在铆钉孔处出现裂纹。随着使用时间增长，在振动的影响下，裂纹扩展。

预防措施

　　在裂纹扩展处打止裂孔，每 100 h 检查裂纹区域，若发现裂纹扩展，则更换该角铝。

2.13　PA44-180 飞机发动机 4#缸进气管固定螺栓松动

故障件	ATA 代码	系统子类	故障模式
螺栓	7160	发动机进气系统	松脱

故障描述

　　某 PA44-180 机组反映飞行中右发振动，伴随机体共振，滑回机库；机务维修人员认为气门机构故障可能性较大，现场排故时，打开发动机整流罩检查发现 4#缸进气管与气缸连接处固定螺栓松动（几近松脱），如图 2.13.1 所示，导致 4#缸工作不稳定，发生振动，当日飞行 2 h。

图 2.13.1　松动的 4#缸进气管固定螺栓

故障原因

检查发动机 4#缸进气管及周围部件，未发现异常，查询该机历史维护记录，也未发现问题。分析认为造成 4#缸进气管固定螺栓松动的原因是安装固定时力矩不足，导致在飞行振动的影响下，螺栓逐渐松动。

预防措施

（1）重新拧紧松动的螺栓。

（2）在所有类似螺栓拧紧后做防松标记，便于日常维护中检查这些螺栓是否有松动。

2.14 PA44-180 飞机发动机配重组件失效

故障件	ATA 代码	系统子类	故障模式
配重	7100	动力装置	失效

故障描述

2008 年以来，PA44-180 飞机所装 O-360-A1H6/LO-360-A1H6 型发动机多次发生配重失效故障。该故障的主要表现是：发动机配重卡环断裂、配重挡片碎裂、卡环槽掉块、配重滚柱脱出，由于配重组件失效，配重组件的脱落物损伤发动机内部构件，甚至击穿发动机机匣。如图 2.14.1、图 2.14.2 所示。

故障原因

配重失效将引起发动机内部损伤停车，严重危及飞行安全，所以该故障引起了各部门的高度重视，分别针对厂家设计制造符合性、维修实施符合性、发动机操作使用符合性等方面查找可能导致配重失效的原因。

图 2.14.1　损伤的配重组件

图 2.14.2　损伤的发动机内部构件及机匣

　　对失效的配重组件进行失效分析，确定多数碎裂、断裂的部件属于疲劳损伤。通过对配重组件维修工作单、工艺的复核，确认维修实施符合手册等适航性资料的要求。Lycoming 厂家在复核了配重组件的设计、制造工艺后，确认配重组件设计、制造符合相关规范，进一步分析失效的配重组件，厂家提出配重受到轴向力作用，导致配重组件出现疲劳损伤而失效，而反复、快速操作油门引起的配重失谐是产生轴向力的最可能原因。通过进一步对发动机操作使用进行调研，确认在使用中存在快速操作油门、粗猛操作的问题。

经过综合分析和地面试验，最终确定快速加减油门、粗猛操作油门是导致配重失谐、最终失效的主要原因，使用中出现的高转速、低进气压力问题，飞行中超转、顺桨等问题是引发配重失谐的其他因素。

预防措施

对发动机操作人员进行专题培训，讲解导致配重失谐的条件及其危害，严格落实《飞行手册》和《发动机操作手册》的操作要求。

2.15　PA44-180 飞机发动机前整流罩破裂

故障件	ATA 代码	系统子类	故障模式
整流罩	7110	发动机整流罩系统	破裂

故障描述

2012 年 4 月 27 日早上出场后，场务检查跑道时，发现一小片复合材料物体，并立即告知机务，经机务普查驻训飞机，确认一架 PA44-180 飞机左发左前调速器处整流罩掉块。该脱落物材质为复合材料，长约 8 cm，宽约 7 cm，大致呈三角形状，如图 2.15.1、图 2.15.2 所示。

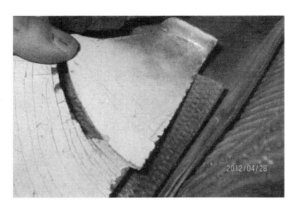

图 2.15.1　掉落的发动机整流罩片

图 2.15.2　发动机整流罩掉块的位置

故障原因

　　脱落处位于进气道口，长期受气流作用振动疲劳产生裂纹，此外复合材料的老化龟裂也是导致此处断裂脱落的重要原因；不正确拆装也会导致整流罩损伤。

预防措施

　　（1）PA44-180 飞机发动机前缘整流罩的构型复杂，且与调速器配合处缝隙较小，在拆装前缘整流罩时，应平行于前整流罩的安装边向左右开拉或安装，避免不正确安装造成前整流罩损伤，尤其应防止前整流罩与调速器相碰磨。

　　（2）严禁在全套整流罩未完整安装时进行发动机试车。

　　（3）航线检查或定检中，加强对发动机整流罩的检查工作，发现裂纹或掉块及时将整流罩送厂修理或更换新件。

2.16　PA44-180 飞机发动机功率不足

故障件	ATA 代码	系统子类	故障模式
3#缸滑油回油管	7100	动力装置系统	堵塞

故障描述

2013 年 11 月 12 日，机组反映一架 PA44-180 飞机在起飞滑跑中左右发动机功率不足，右发动机抖动。机务人员打开右发动机整流罩，发现发动机下部整流罩有黑色胶状液态物质，右发 2#和左发 3#缸排气支管与消音器连接位置上附有相同的黑色胶状物质，如图 2.16.1、图 2.16.2、图 2.16.3 所示。

图 2.16.1　发动机整流罩内胶状污染物

图 2.16.2　发动机进气管内滑油痕迹

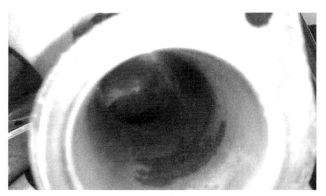

图 2.16.3　排气管内滑油痕迹

随后，机务人员将两台发动机的所有进气支管和排气支管拆下检查，发现右发 2#缸和左发 3#缸进气支管和排气支管有滑油。打开两台发动机所有气门摇臂室盖，发现左发 3#缸摇臂室已积满滑油。进一步检查左发发现 3#缸摇臂室滑油回油管回油不畅，滑油回油管有堵塞。而右发的检查结果显示右发 2#缸排气门导套间隙过大。

故障原因

左发 3#缸摇臂室滑油回油管堵塞是导致功率不足的原因：摇臂室回油管堵塞引起 3#缸摇臂室内滑油压力偏大，滑油从气门导套渗出，被气缸的高温排气加热，形成褐色油状液体排出，污染了进、排气管和发动机整流罩，而 3#缸的这种异常，影响了 3#缸的功率输出，导致发动机功率不足。

右发 2#缸气门导套间隙过大是导致右发功率不足的主要原因：气门导套间隙过大，滑油从气门导套渗出，流入进、排气管，进入气缸参与燃烧，导致气缸内燃烧异常，功率降低。

预防措施

两台发动机送厂分别更换 2#气缸、3#气缸和滑油回油管。

2.17 PA44-180 飞机低功率滑行中发动机停车

故障件	ATA 代码	系统子类	故障模式
汽化器	7322	燃油控制/汽化器	异物

故障描述

　　一段时间内，PA44-180 飞机发生了几次地面低功率滑行中，发动机停车的故障，后续的检查中，均在汽化器中发现了异物，有的是汽化器浮子室燃油中有黑色微粒，有的是在汽化器风门处发现水迹，即汽化器出现积冰。

故障原因

　　由汽化器浮子室燃油中黑色微粒导致的发动机停车原因分析：

　　（1）如果微量细小杂质附着在浮子室针形活门前端，将导致活门密封不严，使进入浮子室的燃油量增多，在收油门时，正常情况浮子室燃油消耗量应降低，但浮子室活门密封不严后，浮子活门提供给发动机的供油量不能随油门开度减小而减小，偏离了设计供油量，使提供给浮子室的燃油量增加，浮子室油平面升高，进而使燃油从空气通路流入节气门，额外增大喷油量，使发动机富油，在某些条件下，这种富油状态将导致发动机过富油停车。

　　（2）如果微量细小杂质附着在汽化器慢车喷油嘴处，在发动机不在慢车工作状态时，由于慢车喷油嘴不参与汽化器的燃油计量和控制，发动机工作不会受到明显影响，但当将油门杆拉回慢车时，此时由于汽化器慢车喷油嘴堵塞，导致供油减小或中断，将导致发动机慢车状态下贫油停车。

　　由汽化器结冰导致的发动机停车原因分析：

PA44-180 飞机安装 HA-6 型汽化器，当气流流过文氏管喉部时，气流温度会出现明显的降低，当大气温度接近 0 ℃，且空气湿度较大时，极易在文氏管喉部和风门边缘产生结冰，为防止结冰，PA44-180　飞机配备有汽化器加温装置，但在进近过程中，机组会按照飞行程序关闭汽化器加温，这就容易使汽化器结冰，一旦出现这种情况，文氏管截面面积减小，进气量减少，发动机功率下降，在发动机低功率状态下，易导致发动机停车。

预防措施

（1）提高汽化器浮子室检查标准，维护中，彻底冲洗燃油滤和汽化器浮子室。

（2）检查发现汽化器进气盒风门毡垫老化破损或风门转轴衬套密封不好时，及时更换，防止蚊虫从汽化器进气盒风门进入发动机。

（3）提醒飞行人员 PA44-180 飞机着陆前汽化器加温可按需使用（如保持开位着陆，连续起飞前应按手册要求关闭）。

2.18　PA44-180 飞机发动机磁电机冲击联轴器棘爪板脱落

故障件	ATA 代码	系统子类	故障模式
磁电机	7414	磁电机/分电器	脱落

故障描述

从 2010 年开始，在几台 PA44-180 飞机发动机上多次重复发生磁电机冲击联轴器棘爪板脱落故障。故障现象主要是：磁电机冲击联轴器棘爪拉力板与棘爪板因铆接失效而分离，棘爪板从冲击联轴器毂上的平键部位脱出，失去轴向及周向定位，导致棘爪和磁电机转轴封油环相互摩擦，产生大量的金属末，如图 2.18.1、图 2.18.2 所示。

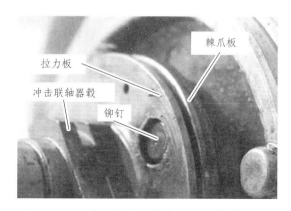

图 2.18.1 磁电机拉力板与棘爪板铆接失效

图 2.18.2 磁电机棘爪板损伤

故障原因

冲击联轴器棘爪板脱落引起磁电机点火角大幅提前，使整台发动机的提前点火角紊乱，造成发动机功率损失严重，具有较大的危害，但查询维护记录也未发现异常，且更换了磁电机后，用不了多久，新装磁电机会重复出现该故障，最终通过将发动机送厂翻修，修后就未再出现该问题。所以，应该是发动机和磁电机之间的装配间隙出现问题导致了磁电机异常故障。

预防措施

发现此类故障，需将发动机送厂翻修。

2.19 PA44-180 飞机磁电机传动轴裂纹

故障件	ATA 代码	系统子类	故障模式
磁电机传动轴	7414	磁电机/分电器	裂纹

故障描述

2012 年 8 月 27 日，一架 PA44-180 飞机在定检工作时，发现右发右磁电机传动轴（分电盘齿轮传动轴）键槽根部存在长约 6 mm 的裂纹，其长度已超过传动轴周长的 1/4，如图 2.19.1 所示。

长约 6 mm 的裂纹

图 2.19.1 磁电机传动轴的裂纹

发动机 TSO（翻修后使用时间）为 698 h48 min，磁电机 TSO（翻修后使用时间）为 250 h54 min。

故障原因

在 100 h 定检的磁电机检查中有传动轴的检查要求，查阅以往维修记录，未发现该磁电机传动轴有裂纹记录，检查其他同类型磁电机以及故障记录，也没有发现其他磁电机传动轴有裂纹记录，所以，该故障应该属于个案，裂纹的原因应该属于某种缺陷造成的疲劳裂纹。

预防措施

更换故障的磁电机，提醒维修人员，在磁电机检查中，注意关注磁电机传动轴是否有裂纹。

2.20 PA44-180 飞机发动机排气管断裂

故障件	ATA 代码	系统子类	故障模式
排气管	7800	排气系统	断裂

故障描述

2012 年 5 月 9 日，一架 PA44-180 飞机执行本场训练任务，上午 10 时许，机组在滑行中发现该机右发排气声音异常，遂滑回机库检查。经地面检查发现，该机右发 4 缸排气管断裂，如图 2.20.1 所示。

该机于 2012 年 4 月 14 日完成 50 h 定检，定检之后该机参加飞行 13 个飞行日，飞行时间 34 h30 min。

图 2.20.1 PA44-180 飞机发动机排气管断裂图

故障原因

该断裂位置位于 4 缸排气管上部接近法兰处，该部位装有汽化器加温进气盒及其管道。由于外部包覆进气盒及其管道，该部位不利于散热，相对于其他排气管温度较高，易产生热疲劳和热腐蚀。同时，排气管内气流作用和发动机振动加剧了裂纹的扩展。

预防措施

在航线技术状态检查时，无法对该部位进行目视检查，所以，在定检中，可以接近该位置时，重点检查安装汽化器加温进气盒的排气管是否有裂纹或掉块，及时更换出现损伤的排气管。

3 Cessna 525 飞机故障实例

  Cessna 525 型飞机是美国塞斯纳飞机公司研制的双发涡轮风扇 5 座公务机，如图 3.0.1 所示。该型飞机为全金属半硬壳式机身，采用超临界层流翼型（NLF）下单翼，T 形尾翼，前三点式、可收放起落架。尾吊两台威廉姆斯国际公司的 FJ44 涡扇发动机，单台推力 8.45 kN。该机型于 1992 年 10 月 15 日获得 FAA 型号合格证批准（合格证号：NO.A1W1），于 1997 年 11 月 12 日获得 CAAC 批准（型号认可证 NO.VTC-073A）。

图 3.0.1 Cessna 525 飞机

  该型飞机按照 FAR.23 部标准制造，采用破损安全结构设计，其系统相对简单，维护要求少，但因飞机小巧，维护操作不太方便。由于装有两台中涵道比涡扇发动机，并采用层流型翼型（NLF）机翼，其起飞着陆速度低、操纵效率和性能好，特别是低、高速操纵性能好。

主要技术指标

气动布局：平直翼；

发动机数量：双发；

飞行速度：亚音速；

乘员：10 人；

空重：3 069 kg；

最大起飞重量：4 853 kg；

性能数据：

最大飞行速度：902 km/h；

最大航程：2 408 km；

机长：12.98 m；

翼展：14.3 m；

机高：4.19 m。

3.1　Cessna 525 飞机座舱高度警告灯亮

故障件	ATA 代码	系统子类	故障模式
舱门气囊式密封条	2130	客舱压力控制系统	破损

故障描述

　　2012 年 10 月 14 日，某架 Cessna525 飞机执行转场任务。8:35 起飞，进近台指挥上标准气压 3 000 m；后在区调指挥下上标准气压 3 900 m 保持；在根据成都进近指挥上标压 4 200 m 的爬升过程中听到漏气声音，机组感觉压耳朵，Cabin10000 警告灯亮，主警告灯闪亮，座舱高度从 3 500 ft 左右上升到 13 800 ft，客舱 4 个氧气面罩脱出，机组判断座舱释压，果断执行紧急下降程序，佩戴氧气面罩，设置无线电面罩位；联系成都进近报告座舱释压，执行紧急下降程序，并按指令返航，下高度到修正海压 3 000 m，随后右座立即转换为第二机长，右座执行 QRH 程序，机组决断返场落地，随后按正常程序申请优先着陆。9:26 飞机正常落地后脱离滑回停机坪。

故障原因

维修人员对该机进行了排故检查，完成了以下工作：

（1）目视检查：放气活门；各增压隔框密封件；舱门主、副密封带。

（2）客舱门密封性检查。

（3）对增压控制器做功能测试。

（4）放气活门座舱高度限制器活门功能检查。

（5）座舱增压系统功能测试。

（6）氧气系统功能检查。

（7）机组氧气面罩详细检查。

（8）地面起落架收放测试，检查各支柱电门。

检查过程中发现以下问题：

（1）舱门气囊式密封条（件号：9912075-4）老化破损，有 3 处破损渗漏点，如图 3.1.1 所示。

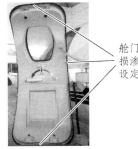

舱门气囊式密封条破损渗漏点（从上到下设定破损点为1、2、3）

图 3.1.1　破损的舱门气囊式密封条

（2）右起落架减振支柱上一个密封圈（件号：S33829-334G1）部分脱出。

（3）右起落架空地电门测试，在空中位时：电门压入量不够，有时测试显示处于地面位置。

经过分析，造成本次座舱释压的原因应该是舱门气囊式密封条破损，舱门密封失效。这与机组听到的漏气声音相吻合。但是，起落架空地电门在空中压入量不够也会导致座舱放气活门打开，使座舱释压，所以排故中也对空地电门进行了调整（见图 3.1.2），并将起落架枢轴上的校装螺栓（触发空地电门的部件）的头部"一"字槽调整到与飞机纵向轴线垂直的方向。

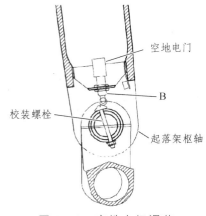

图 3.1.2　空地电门调节

预防措施

（1）更换舱门气囊式密封条。

（2）更换右起落架减振支柱上的密封圈。

（3）调整空地电门。

3.2　Cessna 525 飞机甚高频天线腐蚀

故障件	ATA 代码	系统子类	故障模式
甚高频 1 部天线	2311	甚高频通信	腐蚀

故障描述

在完成某 Cessna 525 飞机 1 200 h 定检中，发现在飞机尾舱下部有积水痕迹，进一步检查发现甚高频 1 部天线安装座加强板上天线馈线孔周围有漆层腐蚀（见图 3.2.1），机身外部甚高频 1 部天线安装处有漆层腐蚀，甚高频 1 部通信天线底板腐蚀（见图 3.2.2）。

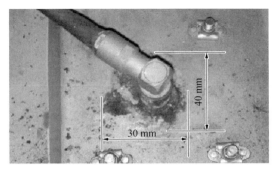

图 3.2.1 甚高频天线馈线处漆层腐蚀

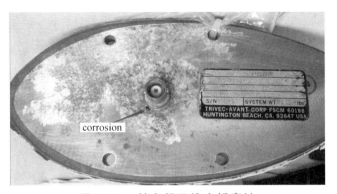

图 3.2.2 甚高频天线底板腐蚀

故障原因

沿着水迹的方向查找，最终确认是尾行李舱门框与机身蒙皮之间的填充胶开裂（见图 3.2.3、图 3.2.4），导致雨水进入飞机尾舱下部区域，造成甚高频 1 部天线腐蚀。

预防措施

（1）甚高频 1 部天线安装座加强板上天线馈线孔周围以及机身外部甚高频 1 部天线安装位置处腐蚀：去除腐蚀产物，检查确认蒙皮金属材料无缺失；完成裸露金属表面保护处理，喷涂防腐底漆、面漆，安装新的甚高频 1 部天线。

（2）尾行李舱舱门处门框与机身蒙皮处填充密封胶。

图 3.2.3　尾行李舱门框与机身蒙皮填充胶开裂位置

图 3.2.4　尾行李舱门框与机身蒙皮间的裂缝

3.3　Cessna 525 飞机操纵钢索磨损

故障件	ATA 代码	系统子类	故障模式
操纵钢索	2700	飞行操纵系统	磨损

故障描述

　　Cessna 525 飞机运行三四年后，钢索磨损的问题暴露出来，每次机体 1 200 h 定检中，都会发现一些钢索磨损超标，涉及的钢索有副翼钢索、副翼调整片钢索、升降舵钢索、方向舵钢索、襟翼互联钢索等，磨损的位置主要是钢索在穿过导向器处，很少一部分是发生在钢索与滑轮接触处，如图 3.3.1～图 3.3.3 所示。

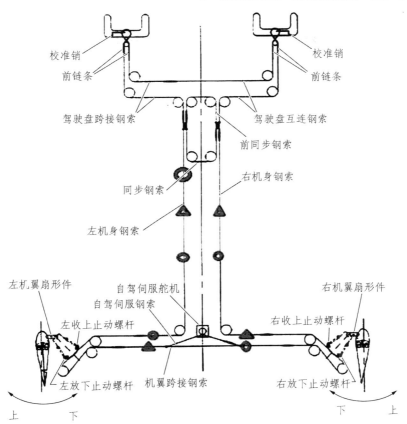

校准销
前链条
校准销
前链条
驾驶盘跨接钢索
驾驶盘互连钢索
前同步钢索
右机身钢索
同步钢索
左机身钢索
左机翼扇形件
自驾伺服舵机
自驾伺服钢索
右机翼扇形件
左收上止动螺杆
右收上止动螺杆
左放下止动螺杆
机翼跨接钢索
右放下止动螺杆
上 下
下 上

图 3.3.1 副翼钢索磨损位置图（均是与导向器相磨）

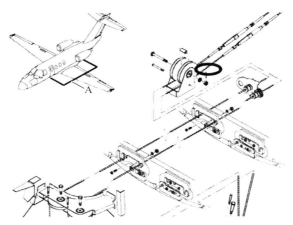

图 3.3.2 方向舵钢索与滑轮磨损位置图

图 3.3.3　钢索磨损面

故障原因

（1）钢索支撑点间跨度大、钢索支撑形式不合理是导致钢索磨损的根本原因。钢索支撑点间跨度大，导致钢索随着飞机运动而产生较明显的振动，钢索与导向器之间形成典型的微动磨损。

（2）导向器材质过硬是导致钢索加速磨损的原因，导向器材质硬，使得钢索与导向器碰磨过程中，钢索更容易磨损，而导向器本身磨损不明显。

预防措施

（1）在无法改进钢索支撑设计的情况下，只有通过正确维护，例如正确测量和调整钢索张力，减缓钢索磨损，同时，及时对磨损的钢索进行更换，避免出现钢索断裂，操纵失效的严重问题。

（2）由于钢索的主要磨损形式是微动磨损，在不影响钢索正常运动的情况下，在导向器处增加软质胶皮，减缓钢索的振动比提供磨损的缓冲，可以比较明显地降低钢索磨损的速率。

3.4　Cessna 525 飞机燃油污染

故障件	ATA 代码	系统子类	故障模式
燃油	2800	燃油系统	污染

故障描述

　　从 2012 年 7 月份开始，Cessna525 飞机飞行中频繁发生燃油滤旁通警告灯亮的故障，排故检查过程中，除发现燃油滤滤杯内有一些黑色沉淀杂质外，没有更多的发现，在 1 200 h 定检中，打开燃油箱检查，发现燃油箱下部盖板有漆层鼓泡、脱落的问题，另外，在油箱引射泵滤网上有絮状杂质。如图 3.4.1 ~ 图 3.4.4 所示。

图 3.4.1　燃油滤滤杯内的黑色沉淀杂质

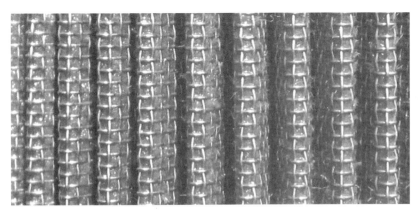

图 3.4.2　被黏稠物质堵塞的滤网

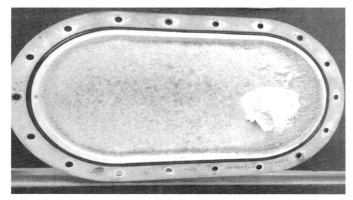

图 3.4.3　漆层鼓泡脱落的油箱盖板

图 3.4.4　油箱内滤网上的絮状杂质

故障原因

通过使用微生物测试试纸以及将油样送检得出的结果均是燃油发生了微生物腐蚀，最初判断主要是由于燃油中的水分沉淀、燃油防冰剂添加比例不恰当造成的，但后来发现是所使用的燃油防冰剂质量问题导致的微生物大量滋生。

在出现燃油微生物污染之前，由于最初使用的 Prist-Hi-Flash 型防冰剂难于购买，所以，换用了 Flash 190 型燃油防冰剂。燃油防冰剂本身具有抑制微生物滋生的功能，但换用 Flash 190 型燃油防冰剂后不久就出现了严重的燃油微生物污染，为了查明故障原因，又购买了一批

Prist-Hi-Flash 型防冰剂进行对比使用，最终确认是 Flash 190 型燃油防冰剂的问题。

预防措施

（1）定期放沉淀，一般情况下每天完成一次油箱放沉淀工作。Cessna 525 飞机油箱最低位置设置了若干放油活门，利用这些放油活门，定期将油箱内沉积的水分等杂质放出，不但可以定期排除水污染，还可以预防或延缓微生物滋生。在飞机长期停放时，更要注重定期放沉淀工作。

（2）定期清洁油箱，结合飞机定期维修工作或油箱内部件的维修工作，使用酒精润湿的抹布将油箱内壁的污染物清洁干净，这样既可以防止污染物的大量聚集，也避免油箱内残留的污染物为微生物的生长提供适宜的环境。

（3）结合飞机 1 200 h 定检，对燃油箱进行杀菌处理。

3.5　Cessna 525 飞机风挡引气超温警告灯亮并伴随大量白雾及焦煳气味

故障件	ATA 代码	系统子类	故障模式
风挡防冰控制活门	3040	风挡防/除冰	失效

故障描述

2012 年 5 月 13 日，某 Cessna525 飞机执行转场任务。机组反映在巡航阶段，驾驶舱黄色主告诫灯突然闪亮，同时中央信号灯面板上的"W/S AIR O'HEAT"（风挡引气过热）警告灯点亮，紧接着驾驶舱出现大量白雾，同时机组闻到刺鼻的焦煳味。随即机组带上了氧气面罩，并按照机组应急处置程序中出现"W/S AIR O'HEAT"警告灯的处理程序将"BLEED-HI-OFF-LOW"三位开关置于"LOW"位，并打开了两个"WINDSHIELD BLEED AIR"旋钮，但白雾仍然未消失；最后，机组 将"AFT FLOOD"开关置于"HI"位，"FAN FWD"开关置于"HI"位，

"DEFOG"开关置于"HI"位数分钟后，白雾才逐渐散去。这时黄色主告诫灯和"W/S AIR O'HEAT"警告灯均熄灭。

另外，据机组反映，发生故障时，"BLEED-HI-OFF-LOW"开关置于"OFF"位。"AIR CONDITIONING"开关置于"OFF"位，产生的白雾不刺激眼睛和咽喉。

故障原因

维修人员首先对发动机区域、飞机尾舱区域、驾驶舱仪表板后部的电气线路进行了检查，未发现线路有磨损、短路等现象。

紧接着，维修人员拆除座舱座椅，打开座舱地板，沿着引气主管路进行检查，检查至副驾驶座椅下部时，发现风挡除雾转换活门组件局部有烧焦的痕迹，如图 3.5.1 所示。

最后维修人员又深入对风挡防冰引气控制活门（见图 3.5.2）的线路及活门本身的工作情况进行了检查，发现该活门本身作动存在问题，在地面试车检查时，当风挡引气防冰电门处于关位时"W/S AIR O'HEAT"警告灯出现。而更换了该活门，经地面试车检查时，当风挡引气防冰电门处于关位时"W/S AIR O'HEAT"警告灯不再出现。

注："W/S AIR O'HEAT"警告灯燃亮的条件为：① 当风挡引气系统温度高于正常标准时；② 当系统选择关闭位，系统内压力大于 5 PSI① 时。

经过分析，"W/S AIR O'HEAT"警告灯故障是由于风挡防冰引气控制活门不能正常关闭，在风挡防冰引气电门处于关位时，引气漏入风挡防冰引气管路，触发 5 PSI 压力电门，进而使警告灯燃亮。

更进一步，维修人员向多名飞行员了解后证实每次空中出现焦糊味时，"AIR CONDITIONING"开关都置于"OFF"位。而由于"AIR CONDITIONING"是一个三位电门开关，分为"AUTO""OFF"和"FAN"3 个位置，当电门开关置于"AUTO"位时，控制压缩机的座舱引气冲压空气调节活门极限电门通电，在飞行中，如果座舱温度传感器感受到座舱过热，冲压空气调节活门将向全开位的方向移动，冲压冷空气的进气量增大，发动机引气将被尽可能地冷却，使引气温度降低，而在空中如果将"AIR CONDITIONING"电门开关置于"OFF"时，冲压空气调节

---

① PSI：磅/平方英寸（lb/in²），1（lb/in²）= 6.895 kPa。

活门关闭，同时，飞机在巡航状态，发动机处于较高功率工作状态，发动机引气温度很高，却又得不到冲压空气冷却，过高的发动机引气进入座舱主引气管，而座舱引气管连接接头处的橡胶密封圈和密封胶受热后漏气就会在座舱内发出焦煳味。通过地面试车验证，发现当"AIR CONDITIONING"电门开关置于"OFF"时，发动机功率大于巡航功率时，座舱出现焦煳味，而当"AIR CONDITIONING"置于"AUTO"位时，在发动机各种功率下都不会出现焦煳味，从而证实了上述分析。

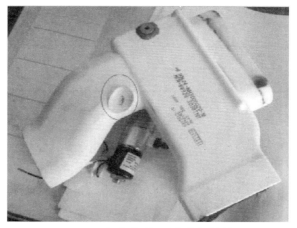

图 3.5.1　局部烧焦的风挡除雾转换活门

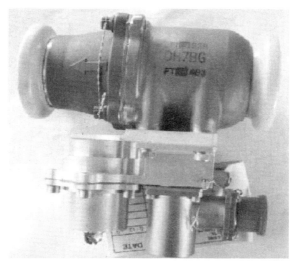

图 3.5.2　风挡防冰引气控制活门

预防措施

（1）更换风挡防冰引气控制活门。

（2）向飞行人员讲解座舱引气、空调系统工作原理，提醒飞行人员在飞行中将"AIR CONDITIONING"开关置于"AUTO"位。

3.6　Cessna 525 飞机应急刹车气源导管与驾驶杆下方扭力管碰磨

故障件	ATA 代码	系统子类	故障模式
应急刹车导管	3242	刹车	磨损

故障描述

2012 年 5 月 9 日，在排除 Cessna 525 飞机驾驶舱异味故障的过程中，目视检查发现副驾驶驾驶杆下方扭力管与应急刹车气源导管碰磨，扭力管与气源导管表面均有碰磨痕迹，如图 3.6.1 所示。

图 3.6.1　应急刹车气源导管与驾驶杆扭力管碰磨

故障原因

经过分析，导致应急刹车气源导管与驾驶杆扭力管碰磨的原因是飞机组装过程中应急刹车气源导管与扭力管之间预留的安全间隙太小，当飞机在滑行或不稳定气流中飞行时，颠簸产生的振动导致碰磨的发生。

预防措施

该部位比较隐蔽，不容易检查，所以在更换刹车气源导管后必须调整导管的走向，使导管与驾驶杆扭力管之间有足够的安全间隙，避免振动中碰磨。

3.7 Cessna 525 飞机刹车组件固定螺帽脱落

故障件	ATA 代码	系统子类	故障模式
刹车组件固定螺帽	3242	刹车	松脱

故障描述

一架 Cessna 525 飞机于 07:10 执行转场训练飞行，并于 12:16 返回运行基地安全着陆。下午 12:36 至 17:12 期间执行本场训练飞行，正常落地后机组未反映飞机异常。18:30，机务人员在进行技术状态检查时发现左主轮刹车组件的 6 颗固定螺帽中有 3 个脱落，其中 1 根固定螺杆脱出，如图 3.7.1 所示。机务人员对该机左起落架进行了详细检查，在刹车组件与机轮内侧轮毂之间找到脱出的螺杆。

图 3.7.1 刹车组件固定螺帽脱落

故障原因

刹车组件固定螺帽为钢质自锁螺帽,该自锁螺帽的检查更换标准为,用手将螺帽拧到无润滑的螺杆上,如果螺杆的末端与螺帽平齐或伸出螺帽,应报废螺帽。由于自锁螺帽在使用过程中,多次拆装后,自锁功能下降,另外,自锁螺帽的更换标准容易受到螺杆、螺帽清洁程度影响而不容易准确掌握,所以自锁螺帽自锁功能丧失是导致本次故障的直接原因。

预防措施

（1）提高自锁螺帽更换标准,每次刹车组件安装时,使用新的固定螺帽,并且检查自锁功能,如果用手将螺帽拧紧时,螺帽内螺纹只能看到 1 丝时,要同时更换刹车组件固定螺杆。

（2）按照 CMM 的要求,分两步拧力矩,第一步顺次对角将 6 颗螺帽力矩拧至 180 in·lb,再顺时针依次将 6 颗螺帽力矩拧至 245 in·lb。

（3）安装完成后涂标记,每次完成技术状态检查时,检查螺帽有无松脱迹象。

3.8　Cessna 525 飞机前起落架收上后放下锁定绿色指示灯不灭

故障件	ATA 代码	系统子类	故障模式
前起落架收放作动筒	3230	起落架收放系统	黏滞

故障描述

一段时间以来,Cessna 525 飞机经常出现起飞后,收起起落架,但前起落架放下锁定绿色指示灯不灭,这种情况经常发生在温度较低的季节,而且往往发生在一天的第一次飞行中。故障出现时,红色的起落架未锁定灯并不亮,厂家建议机组多收放几次起落架,这样会使前述故障现象消失。

故障原因

厂家对前起落架收放作动筒内的放下锁定电门的触发机构进行了详细分析，确认是电门作动活塞上的"O"形圈发生黏滞现象，干扰了活塞的运动，使得活塞无法运动到正确的位置，无法将前起落架放下锁定灯线路断开，导致前起落架已收上，但放下锁定灯不灭。

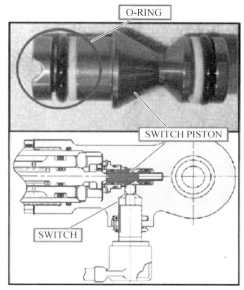

图 3.8.1 前起落架收放作动筒内放下锁定电门作动机构图

预防措施

厂家使用了一种新型的放下锁定电门作动活塞的密封圈，用户可以订购新件号的前起落架收放作动筒，从而解决了起落架收上后，放下锁定灯不灭的问题。

3.9 Cessna 525 飞机前起落架未放到位警告灯亮

故障件	ATA 代码	系统子类	故障模式
前起落架收放作动筒	3230	起落架收放系统	线路异常接地

故障描述

2015 年 11 月 10 日，一架 Cessna525 飞机执行转场任务。9：40 分左右在兰州机场五边放起落架过程中，起落架未放到位警告灯和警告音响持续警告，3 个起落架放下并锁好绿色信号灯亮，红色不安全信号灯不灭，机组复飞以后加了 1 圈盲降进近，途中要求塔台让地面人员帮助目视确认起落架情况，随后机组做了低空通场，由地面人员协助观察起落架情况，确认起落架已放到位后，机组操纵飞机着陆，人机安全。

故障原因

顶升飞机后通电检查，该故障能再现。测量左、右起落架收放作动筒信号线插头 PL003 和 PR003 的插钉，均正常；在测量前起落架收放作动筒信号线插头 PN007 的 A 插钉时，发现 A 插钉非正常接地。由此判断该故障可能由前起落架收放作动筒放下端微动电门故障引发。

维修人员拆下前起落架收放作动筒，用三用表对每根信号线进行检测，发现 2 号线处于接地状态（正常应处于开路状态），安装新前起落架收放作动筒并连接好信号线，进行起落架收放功能测试，起落架收放到位，起落架收放信号指示恢复正常。由此确认是前起落架收放作动筒信号线故障导致的前起落架未放到位警告灯亮。

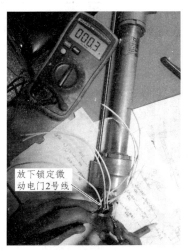

图 3.9.1　前起落架收放作动筒信号线测量

预防措施

更换前起落架收放作动筒。

3.10　Cessna 525 飞机驾驶舱出现异味

故障件	ATA 代码	系统子类	故障模式
未知	未知	未知	异味

故障描述

2012 年 5 月 6 日，某架 Cessna525 飞机准备执行航线训练任务，机组按机型飞行手册及检查单内容检查一切正常后，飞机于 9:57 起飞，起飞不久机组闻到座舱有异味，遂立即报告塔台并要求返航。约 10:10，飞机安全落地。

飞机返回后，机务人员进入驾驶舱，机组反映的异味已消散，未闻到其他异味。

异味可能的来源有引气系统和某些部位的线路烧蚀，所以，重点检查了飞机的引气（含空调）管路和驾驶舱内的线路。

检查发动机区域、飞机尾舱区域、驾驶舱区域的引气管路、空调管路均连接固定可靠，无破损、松脱等情况。

检查发动机区域、飞机尾部设备舱、驾驶舱侧装饰板后区域、驾驶舱仪表板后区域、驾驶舱中央操纵台区域、飞机前电子设备舱导线束无磨损、跳火的痕迹，导线束捆扎固定可靠。

检查驾驶舱左侧 PCB 板盒中的环境控制 PCB，该 PCB 表面及元器件无烧蚀痕迹。

检查发现右座驾驶杆下部隔框位置和脚蹬下部隔框位置有少量油渍，该区域分布有起落架收放液压油管路和刹车液压油管路。详细检查起落架收放液压油管路和刹车液压油管路，管路固定可靠，管路无磨损痕迹，管路接头无松动，起落架收放液压油管路表面有少量油渍。

故障原因

检查并未确定驾驶舱异味的确切来源，通过查询 FAA 网站上记录的

SDR（使用困难报告）信息，也发现有若干起类似的驾驶舱异味报告，但也没有找出具体原因。

预防措施

　　无。

3.11　Cessna 525 飞机右起落架舱门连杆螺栓断裂

故障件	ATA 代码	系统子类	故障模式
舱门连接螺栓	5280	起落架舱门	断裂

故障描述

　　2012 年 5 月 9 日，某架 Cessna525 飞机执行航线训练任务，起飞后，航路中飞机突然出现异响，同时伴有共振，座舱后右部较为明显。由于已接近兰州机场，机组监控飞机各飞行仪表指示正常、发动机工作良好，目视检查机舱外可见部位无异常后，决定在兰州落地后再做进一步检查。飞机后续飞行正常，共振持续，进近过程中速度减小时共振有所减弱，飞机落地正常，滑跑、滑行中共振消失。在兰州机场指定停机位停车后，机组检查发现飞机右起落架舱门连杆螺栓断，舱门下端在滑行过程中有磨损，如图 3.11.1 ~ 图 3.11.3 所示。

图 3.11.1　舱门连杆断裂图

图 3.11.2　断裂的舱门连杆

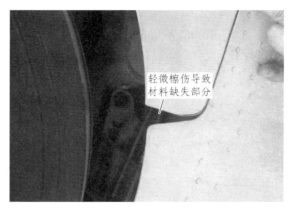

轻微檫伤导致
材料缺失部分

图 3.11.3　起落架舱门磨损图示

故障原因

经检查该机右起落架轮舱区域无其他异常，将断裂的起落架舱门连杆螺栓送实验室进行失效分析，确认为疲劳断裂，更换起落架舱门连杆螺栓后，飞机恢复运行。

预防措施

由于在飞行中，起落架舱门要承受气动力，且舱门与机翼下表面的阶差会导致舱门振动，所以在飞机 1 200 h 定检中增加主起落架舱门载荷测量工作，保持起落架舱门载荷符合要求，避免飞行中舱门振动导致拉杆疲劳故障。

3.12 Cessna 525 飞机发动机低压轴转动阻力大

故障件	ATA 代码	系统子类	故障模式
风扇静子橡胶密封带	7230	压气机部分	损伤

故障描述

某架 Cessna 525 飞机的发动机（FJ44-1A 型）在启动中连续两次启动不成功，检查发现该发动机低压轴转动阻力大，与其他发动机相比，关车后，该发的风扇从关车开始到完全停转所经历的时间非常短。

故障原因

最初怀疑造成低压轴阻力大的原因是低压涡轮转子与转子机匣内侧的蜂窝密封之间摩擦力大，所以首先转动低压轴，没有听到低压涡轮转子与蜂窝密封摩擦的刺耳声音，拆下低压涡轮转子机匣，检查蜂窝密封带，也未发现异常。

后续拆下风扇转子和静子组件后，发现风扇静子组件上的橡胶密封带被中压压气机转子对应部位的刃形封严环磨出很深的槽，刃形封严环没入橡胶密封带中，这样导致低压轴转动阻力非常大，如图 3.12.1、图 3.12.2 所示。

图 3.12.1　风扇静子组件上的橡胶密封带

图 3.12.2　中压压气机转子组件的刃形封严环

预防措施

更换风扇静子组件和中压压气机转子。

3.13　Cessna 525 飞机点火 PCB 板烧蚀

故障件	ATA 代码	系统子类	故障模式
点火 PCB 板	7400	点火系统	短路

故障描述

某架 Cessna 525 飞机曾多次发生右发点火系统失效故障，最初检查发现点火 PCB 板烧蚀，如图 3.13.1 所示，但更换了点火 PCB 板后仍然发生 PCB 板烧蚀问题。进一步检查，还发现了右发点火电嘴烧蚀超标、点火激励器烧坏等问题，由于这些问题均属于该机右发点火系统故障，且故障件很分散，所以怀疑点火系统存在某种隐性故障。

图 3.13.1　烧蚀的点火 PCB 板

故障原因

经过对右发点火系统线路进行详细检查和测量，发现驾驶舱右侧音频板后部导线束存在磨损和烧蚀，如图 3.13.2 所示。

图 3.13.2　导线磨损、烧蚀

经过分析，确定由于右音频板与其后部导线束间隙太小，飞机在飞行中振动，导致音频板与导线束相磨，出现 3 根导线磨损。其中右发点火系统指示灯电源导线与右音频板碰磨出现间歇短路，引起点火系统失效。右音频板与后部导线束磨损情况如下：

（1）右发点火系统指示灯电源导线磨损。

（2）风挡除雾风扇导线磨损。

（3）右发发电机重置开关导线磨损。

预防措施

（1）对磨损线路进行修理。

（2）定期检查中，如果发现线束与邻近部件、结构间隙过小，应及时调整线束走向，调整线束与邻近部件、结构的间隙，避免线束破损、短路。

3.14　Cessna 525 飞机推力衰减器控制故障

故障件	ATA 代码	系统子类	故障模式
NZ015PCB 综合 PCB 板	7830	反推	失效

故障描述

某架 Cessna 525 飞机曾偶尔出现右发推力衰减器不能收回的故障，后该机又先后重复出现多次右发推力衰减器不能收回，人工 STOW 位失效；有时候出现左右两发推力衰减器都不能收回的故障。

故障原因

初步检查发现推力衰减器作动筒处的螺栓与邻近隔框有干涉，如图 3.14.1 所示，可能会导致推力衰减器无法收起。经过调整螺栓的垫片位置，螺栓与邻近隔框不再干涉（见图 3.14.2），但后续推力衰减器无法收起的故障仍然出现。又经过排查推力衰减器控制线路，发现 NZ015PCB 综合 PCB 板损坏（PN：6318357-2），无法对接收到的信号进行正确的综合处理，使推力衰减器无法收回。

图 3.14.1　螺栓与邻近隔框干涉图

图 3.14.2　垫片调整后螺栓与隔框位置图

预防措施

更换 NZ015PCB 综合 PCB 板。

3.15　Cessna 525 飞机发动机高空滑油压力低故障

故障件	ATA 代码	系统子类	故障模式
滑油箱单向通气活门	7900	发动机滑油系统	黏滞

故障描述

某架 Cessna 525 型飞机（装备 2 台 FJ44-1A 发动机）在高空飞行时，左发滑油压力明显低于右发，机组反映双发滑油压力差值在 10 ~ 15 PSIG[①]之间，以 8 000 m 高度为例，左右发高压轴转速（N_2）分别为 92.8% 和 92.7%，左右发滑油压力则分别为 47 PSIG 和 61 PSIG，地面试车左发滑油压力也略微低于右发 1 ~ 4 PSIG，如图 3.15.1 所示。

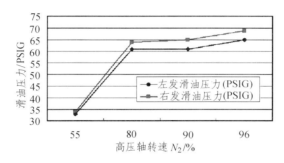

图 3.15.1 地面试车时左右发滑油压力对比曲线图

故障原因

滑油压力低的故障分为两种情况，一种是发动机启动以后，在慢车转速时都明显低于正常值，这种故障很明显，所以，飞机不会被放飞，马上会进入排故程序；另一种是发动机在地面运转过程中，滑油压力正常，而随着飞机飞行高度增加，滑油压力逐渐偏离正常值。从故障现象分析，这次滑油压力低故障应该属于后一种情况。

根据系统的构成，滑油系统可以区分为为完成滑油正常循环工作的机械部分和为完成系统监控任务的数据采集和指示部分，为确定故障源在哪一部分，第一步应对数据采集和指示部分进行检查验证，检查结果显示，左发滑油压力传感器和滑油压力指示部件均工作正常，这就将故障范围缩小到滑油系统的机械部件上。

影响滑油压力的因素包括滑油量、滑油温度、滑油滤堵塞情况、滑油压力调节器、滑油泵及滑油箱单向通气活门等。经过地面检查和飞行

---

① PSIG 即 PSI，G（gauge）指表压。

数据核对，很容易地排除了滑油量、滑油温度和滑油滤堵塞等因素。而要检查滑油泵和滑油箱单向通气活门则需要分解发动机部件，工作量很大，检查滑油压力调节器却比较简单，根据先易后难的原则，首先调整了左发的滑油压力调节器，调整后进行了试飞，结果显示在地面左发滑油压力低于右发 1 PSIG，飞行高度 7 000 多米时左发滑油压力比右发低约 13 PSIG，故障仍然存在。

后经分解滑油箱单向通气活门发现，该活门被黏结在开位，随着飞行高度增加，该活门无法适时关闭，导致在高空左发滑油压力低于右发。

预防措施

（1）更换滑油箱单向通气活门。

（2）维护中应加强对滑油系统数据的监控，重视滑油滤分析结果，根据飞机运行的实际环境，调整滑油更换的间隔。

参考文献

[1] 阎成鸿. CESSNA 172R 型飞机机型培训教程[M]. 北京：航空工业出版社，2008.

[2] 杨秀锋. PA-44-180 型飞机培训教材[M]. 成都：西南交通大学出版社，2015.

[3] 聂挺. Cessna525 型飞机培训教程（机械部分）[M]. 成都：西南交通大学出版社，2013.

[4] 李自俊. Cessna525 型飞机培训教程（电子部分）[M]. 成都：西南交通大学出版社，2011.

[5] 丁发军，麦海波. 活塞式发动机故障诊断技能培训教程[M]. 成都：西南交通大学出版社，2013.

[6] 冯世榕. 某航空活塞发动机曲轴振动模态分析[J]. 机械工程师，2015（3）：59-61.

[7] 麦海波. 航空活塞发动机振动机理和原因浅析[J]. 装备制造技术，2014（3）：108-109.

[8] 陈亮，吴江. 航空活塞发动机火花塞积铅分析与预测[J]. 科学技术与工程，2012，12 (25)：6545-6548.

[9] 史珂，孙杰，等. 教练机操纵钢索失效分析[J]. 金属制品，2015，41（3）：50-53.

[10] 李飞，余刚. Cessna172 飞机发动机导风板电嘴接近孔堵盖改进设计探讨[J]. 中国民航飞行学院学报，2013，24（2）：47-48.

[11] 黄进. Cessna172R 基本型飞机电瓶电量耗尽空中断电故障分析及解决措施[J]. 中国民航飞行学院学报，2011，22（5）：40-42.

[12] 史珂. 目视检查在航空维修中的重要性和实施方法研究[J]. 科技展望，2015（6）：124.